WEEX
跨平台开发实战

向治洪 / 著

电子工业出版社·
Publishing House of Electronics Industry
北京·BEIJING

内 容 简 介

近年来，伴随着大前端和移动跨平台技术的兴起，移动应用的开发手段越来越多，常见的移动跨平台技术有 React Native、WEEX 和 Flutter 等。WEEX 是由阿里巴巴研发的一套移动跨平台技术框架，目的是解决移动应用开发过程中频繁发版和多端研发的问题。

本书是一本系统介绍 WEEX 跨平台应用开发的书籍，涵盖了 WEEX 开发的方方面面，主要由基础知识、高级应用开发和项目实战三部分组成。第一部分重点介绍 WEEX 开发的基础知识，后两部分则重点介绍 WEEX 开发的进阶知识和项目实战。

本书是一本 WEEX 入门与实战类书籍，适合有一定前端开发基础或者移动端开发基础的读者阅读。因此，无论你是前端开发者，还是移动端开发者，都可以通过对本书的学习来掌握移动跨平台应用开发的技能。

未经许可，不得以任何方式复制或抄袭本书之部分或全部内容。
版权所有，侵权必究。

图书在版编目（CIP）数据

WEEX 跨平台开发实战 / 向治洪著. —北京：电子工业出版社，2019.9
ISBN 978-7-121-36895-0

Ⅰ.①W… Ⅱ.①向… Ⅲ.①移动终端－应用程序－程序设计 Ⅳ.①TN929.53

中国版本图书馆 CIP 数据核字（2019）第 123434 号

责任编辑：刘恩惠
印　　刷：三河市良远印务有限公司
装　　订：三河市良远印务有限公司
出版发行：电子工业出版社
　　　　　北京市海淀区万寿路 173 信箱　邮编：100036
开　　本：787×980　1/16　印张：20　字数：448 千字
版　　次：2019 年 9 月第 1 版
印　　次：2019 年 9 月第 1 次印刷
定　　价：79.00 元

凡所购买电子工业出版社图书有缺损问题，请向购买书店调换。若书店售缺，请与本社发行部联系，联系及邮购电话：(010) 88254888，88258888。
质量投诉请发邮件至 zlts@phei.com.cn，盗版侵权举报请发邮件至 dbqq@phei.com.cn。
本书咨询联系方式：(010) 51260888-819，faq@phei.com.cn。

前言

近年来,伴随着大前端概念的提出和兴起,移动端和前端的边界变得越来越模糊,一大批移动跨平台开发框架和模式涌现出来。从早期的 PhoneGap、Inoic 等 Hybrid 技术,到现在耳熟能详的 React Native、WEEX 和 Flutter 等跨平台技术,无不体现着移动端开发的前端化。

作为阿里巴巴开源的一套移动跨平台技术框架,WEEX 框架最初是为了解决移动开发过程中频繁发版和多端研发的问题而开发的。具体来说,使用 WEEX 提供的跨平台开发技术,开发者可以很方便地使用 Web 前端技术来构建高性能、可扩展的原生性能体验,并支持在 Android、iOS 和 Web 等多平台上进行部署。

作为目前主流的跨平台技术框架之一,WEEX 项目使用 Vue.js 进行编写,对于熟悉 Web 前端开发的开发者来说,其是一个不错的选择。在性能和项目迭代方面,WEEX 与 PhoneGap、Inoic 等 Hybrid 技术相比也有一定的优势。

不过由于种种原因,WEEX 的社区生态并不是很完善,也没有一本系统介绍 WEEX 的书籍。基于对跨平台技术的热爱,以及积累的一些 WEEX 项目实战经验,笔者思量再三决定对 WEEX 框架进行系统的梳理,并将其整理成书。

"路漫漫其修远兮,吾将上下而求索。"通过对 WEEX 技术的学习和本书的写作,笔者深刻地意识到"学无止境"的含义。如果本书对你学习 WEEX 有所帮助和启发,笔者将不胜欣慰。

如何阅读本书

本书共分为 9 章,章节概要如下。

第 1 章~第 4 章:这 4 章属于 WEEX 入门与基础部分。这部分内容主要包括 WEEX 简介、WEEX 环境搭建、WEEX 基础知识以及 WEEX 开发常用的组件和模块等内容。同时,本部分内容配备了大量的实例,通过这部分内容的学习,读者将会对 WEEX 有一个基本的认识。

第 5 章~第 8 章:这 4 章属于 WEEX 进阶部分。这部分内容主要由讲述 Rax、Vue.js、BindingX

和 WEEX Eros 的章节组成，主要是介绍 WEEX 开发中的一些进阶知识。同时，为了加快 WEEX 的开发效率，建议开发者直接使用 WEEX Eros 和 weexplus 等 WEEX 脚手架。

第 9 章：这一章属于 WEEX 项目实战部分。这部分讲述了 WEEX 项目实战的内容，是对 WEEX 基础知识的综合运用。通过此部分的知识讲解，读者将会对 WEEX 有一个全面的认识。

希望通过本书的讲解，读者可以对 WEEX 技术有一个全面的了解，并能够使用它进行移动跨平台项目的开发。

适读人群

本书是一本关于 WEEX 入门与实战的书籍，适合前端开发者和移动 Android/iOS 开发者阅读。因此，不管你是一线移动开发工程师，还是有志于从事移动开发的前端开发者，都可以通过学习本书来获取移动跨平台开发的技能。

读者服务

轻松注册成为博文视点社区用户（www.broadview.com.cn），扫码直达本书页面。

- **提交勘误**：您对书中内容的修改意见可在 提交勘误 处提交，若被采纳，将获赠博文视点社区积分（在您购买电子书时，积分可用来抵扣相应金额）。
- **交流互动**：在页面下方 读者评论 处留下您的疑问或观点，与我们和其他读者一同学习交流。

页面入口：*http://www.broadview.com.cn/36895*

目录

第 1 章 WEEX 简介 1

1.1 WEEX 概述 1
- 1.1.1 原生平台与 Web 平台的差异 1
- 1.1.2 设计理念 2
- 1.1.3 WEEX 工作原理 3

1.2 移动跨平台技术剖析 4
- 1.2.1 React Native 5
- 1.2.2 Flutter 6
- 1.2.3 PWA 8
- 1.2.4 对比与分析 8

1.3 本章小结 9

第 2 章 WEEX 快速入门 10

2.1 安装与配置 WEEX 10
- 2.1.1 安装依赖 10
- 2.1.2 创建项目 12
- 2.1.3 开发与运行项目 13
- 2.1.4 集成到 iOS 16
- 2.1.5 集成到 Android 20
- 2.1.6 WEEX 语法插件 22

2.2 在 WEEX 中使用 Vue.js 25

- 2.2.1 与 Web 平台的异同 ·············· 25
- 2.2.2 单文件组件 ·············· 26
- 2.2.3 WEEX 支持的 Vue.js 功能 ·············· 27
- 2.3 WEEX 调试 ·············· 29
  - 2.3.1 weex-toolkit 简介 ·············· 29
  - 2.3.2 weex-devtool 远程调试 ·············· 32
  - 2.3.3 集成 weex-devtool 到 iOS ·············· 35
  - 2.3.4 集成 weex-devtool 到 Android ·············· 37
- 2.4 本章小结 ·············· 42

第 3 章 WEEX 基础知识 ·············· 43

- 3.1 基本概念 ·············· 43
  - 3.1.1 组件 ·············· 43
  - 3.1.2 模块 ·············· 44
  - 3.1.3 适配器 ·············· 45
- 3.2 样式 ·············· 46
  - 3.2.1 盒模型 ·············· 46
  - 3.2.2 弹性布局 ·············· 49
  - 3.2.3 定位属性 ·············· 57
  - 3.2.4 2D 转换 ·············· 59
  - 3.2.5 过渡 ·············· 60
  - 3.2.6 伪类 ·············· 62
  - 3.2.7 线性渐变 ·············· 63
  - 3.2.8 文本样式 ·············· 66
- 3.3 事件 ·············· 66
  - 3.3.1 通用事件 ·············· 66
  - 3.3.2 事件冒泡 ·············· 69
  - 3.3.3 手势 ·············· 70
- 3.4 扩展 ·············· 71
  - 3.4.1 HTML5 扩展 ·············· 71
  - 3.4.2 Android 扩展 ·············· 73
  - 3.4.3 iOS 扩展 ·············· 76

    3.4.4 iOS 扩展兼容 Swift ·· 79
  3.5 本章小结 ··· 81
第 4 章 组件与模块 ··· 82
  4.1 内置组件 ··· 82
    4.1.1 <div>组件 ··· 82
    4.1.2 <scroller>组件 ·· 84
    4.1.3 <refresh>组件 ··· 85
    4.1.4 <loading>组件 ·· 86
    4.1.5 <list>组件 ··· 87
    4.1.6 <recycle-list>组件 ··· 91
    4.1.7 <video>组件 ·· 95
    4.1.8 <web>组件 ·· 97
  4.2 内置模块 ··· 100
    4.2.1 DOM 模块 ·· 100
    4.2.2 steam 模块 ··· 102
    4.2.3 modal 模块 ·· 103
    4.2.4 animation 模块 ·· 105
    4.2.5 navigator 模块 ·· 107
    4.2.6 storage 模块 ·· 108
  4.3 Weex Ui 详解 ·· 110
    4.3.1 Weex Ui 简介 ··· 110
    4.3.2 <wxc-minibar>组件 ··· 111
    4.3.3 <wxc-tab-bar>组件 ·· 113
    4.3.4 <wxc-tab-page>组件 ·· 117
    4.3.5 <wxc-ep-slider>组件 ··· 119
    4.3.6 <wxc-slider-bar>组件 ·· 121
  4.4 本章小结 ··· 123
第 5 章 Rax 框架详解 ·· 124
  5.1 Rax 简介 ··· 124
  5.2 Rax 快速入门 ·· 125

5.2.1　搭建环境 125
　　5.2.2　基本概念 127
　　5.2.3　FlexBox 与样式 128
　　5.2.4　事件处理 129
　　5.2.5　网络请求 131
5.3　Rax 组件 133
　　5.3.1　<View>组件 133
　　5.3.2　<Touchable>组件 134
　　5.3.3　<ListView>组件 136
　　5.3.4　<TabHeader>组件 139
　　5.3.5　<Tabbar>组件 143
　　5.3.6　<Switch>组件 146
　　5.3.7　<Slider>组件 148
5.4　本章小结 150

第 6 章　Vue.js 框架详解 151
6.1　Vue.js 简介 151
6.2　Vue.js 快速入门 152
　　6.2.1　搭建环境 152
　　6.2.2　Vue.js 项目的目录结构 154
　　6.2.3　Vue.js 实例 155
　　6.2.4　模板 156
　　6.2.5　数据 157
　　6.2.6　方法 158
　　6.2.7　生命周期 159
6.3　基础特性 162
　　6.3.1　数据绑定 162
　　6.3.2　模板渲染 163
　　6.3.3　事件处理 166
6.4　指令 169
　　6.4.1　v-bind 指令 169

  6.4.2 v-model 指令 ································· 170

  6.4.3 v-on 指令 ···································· 172

  6.4.4 v-cloak 指令 ································· 174

  6.4.5 v-once 指令 ·································· 174

  6.4.6 自定义指令 ··································· 174

6.5 过滤器 ··· 178

  6.5.1 过滤器注册 ··································· 178

  6.5.2 自定义过滤器 ································· 178

  6.5.3 过滤器串联 ··································· 179

6.6 Vue.js 组件 ·· 180

  6.6.1 组件基础 ····································· 180

  6.6.2 组件扩展 ····································· 181

  6.6.3 组件注册 ····································· 181

  6.6.4 组件选项 ····································· 183

  6.6.5 组件通信 ····································· 185

  6.6.6 动态组件 ····································· 187

  6.6.7 缓存组件 ····································· 188

  6.6.8 异步组件 ····································· 189

6.7 vue-router ··· 191

  6.7.1 安装与配置 ··································· 191

  6.7.2 基本用法 ····································· 192

  6.7.3 路由匹配 ····································· 193

  6.7.4 嵌套路由 ····································· 194

  6.7.5 命名路由 ····································· 196

  6.7.6 路由对象 ····································· 197

  6.7.7 路由属性与方法 ······························· 197

  6.7.8 路由传参 ····································· 199

6.8 本章小结 ··· 200

第 7 章 BindingX 框架 ······································· 201

7.1 BindingX 简介 ·· 201

7.1.1 基本概念 ········201
7.1.2 背景 ········202
7.2 BindingX 框架快速上手 ········203
7.2.1 快速入门 ········203
7.2.2 手势 ········204
7.2.3 动画 ········208
7.2.4 滚动 ········211
7.2.5 陀螺仪 ········213
7.3 API ········215
7.3.1 事件类型 ········215
7.3.2 表达式 ········217
7.3.3 目标属性 ········217
7.3.4 插值器 ········218
7.3.5 颜色函数 ········218
7.4 本章小结 ········219

第 8 章 WEEX Eros App 开发实战 ········220

8.1 WEEX Eros 简介 ········220
8.2 快速入门 ········220
8.2.1 搭建环境 ········221
8.2.2 创建工程 ········221
8.2.3 运行项目 ········222
8.2.4 Eros 示例 ········225
8.2.5 工程配置 ········227
8.2.6 开发调试 ········231
8.2.7 增量发布 ········232
8.3 组件 ········232
8.3.1 globalEvent ········232
8.3.2 Axios ········233
8.3.3 Router ········236
8.3.4 storage ········239

目录 XI

- 8.3.5 event 242
- 8.3.6 image 244
- 8.3.7 notice 245
- 8.3.8 自定义组件 247

8.4 模块 248
- 8.4.1 模块概念 248
- 8.4.2 bmEvents 249
- 8.4.3 bmWebSocket 250
- 8.4.4 bmBundleUpdate 253

8.5 开发配置 253
- 8.5.1 Android 原生配置 254
- 8.5.2 Android 打包配置 255
- 8.5.3 iOS 原生配置 257
- 8.5.4 iOS 打包配置 258

8.6 插件 260
- 8.6.1 Android 插件化 260
- 8.6.2 iOS 插件化 261
- 8.6.3 基础插件 265
- 8.6.4 微信插件 266
- 8.6.5 高德插件 269

8.7 热更新 272
- 8.7.1 热更新原理 272
- 8.7.2 热更新配置 273
- 8.7.3 热更新实战 275

8.8 本章小结 278

第9章 移动电商应用开发实战 279

9.1 项目概述 279
9.2 搭建项目 279
- 9.2.1 新建项目 279
- 9.2.2 编写主框架 280

9.2.3 Iconfont ··· 283
9.2.4 自定义选项卡组件 ··· 286
9.2.5 路由配置 ··· 288
9.2.6 数据请求 ··· 289
9.3 功能编写 ··· 290
9.3.1 首页开发 ··· 290
9.3.2 广告弹窗开发 ··· 292
9.3.3 商品详情页开发 ·· 294
9.3.4 订单管理页开发 ·· 296
9.3.5 适配 iPhone X ·· 299
9.4 打包与上线 ··· 302
9.4.1 更换默认配置 ··· 302
9.4.2 iOS 打包 ··· 303
9.4.3 Android 打包 ··· 305
9.5 本章小结 ··· 307

第 1 章
WEEX 简介

近年来,伴随着"大前端"概念的提出和兴起,移动端和前端的边界变得越来越模糊,一大批移动跨平台开发框架和模式涌现出来。从早期的 PhoneGap、Inoic 等 Hybrid 混合技术,到现在耳熟能详的 React Native、WEEX 和 Flutter 等跨平台技术,无不体现着移动端开发的前端化。

2016 年 6 月,阿里巴巴开源了 WEEX 移动跨平台框架。WEEX 在语法上是使用 Vue.js 编写的,更加贴近 Web 前端开发,在性能和快速迭代方面,相比其他框架也有一定的优势。

1.1 WEEX 概述

WEEX 是由阿里巴巴研发的一套移动跨平台技术框架,最初是为了解决移动开发过程中频繁发版和多端研发的问题而开发的。使用 WEEX 提供的跨平台技术,开发者可以很方便地使用 Web 技术来构建具有可扩展的原生性能体验的应用,并支持在 Android、iOS、YunOS 和 Web 等多平台上部署。具体来说,当在项目中集成 WeexSDK 之后,就可以使用 JavaScript(JS)和主流的前端框架来开发移动应用了。

同时,WEEX 框架的结构是解耦的,渲染引擎与语法层分离,也不依赖任何特定的前端框架,目前,开发者可以使用 Vue.js 和 Rax 两个前端框架来进行 WEEX 页面开发。同时,WEEX 的另一个主要目标是跟进流行的 Web 开发技术并将其与原生开发技术相结合,实现开发效率和运行性能的高度统一。

1.1.1 原生平台与 Web 平台的差异

WEEX 作为一个跨平台解决方案,致力于使用 Web 开发技术来构建 Android、iOS 和 Web 跨平台应用。也就是说,WEEX 不仅可以运行在 Web 环境中,还可以运行在 Android 和 iOS 等客户端环境中。不过,尽管 WEEX 致力于打造三端统一的跨平台应用,并尽可能保持多平台的一致性，但原生客户端平台和 Web 平台之间天生存在的平台差异决定了客户端应用和 Web 应用存在一定的区别，具体体现在开发方式和应用体验上。

WEEX 不支持 DOM 操作

DOM（文档对象模型）是 Web 编程中的概念，即 HTML 和 XML 文档的编程接口。WEEX 的运行环境是以原生应用为主的，在 Android 和 iOS 环境中使用原生组件执行界面渲染，而不使用 DOM 元素，所以任何涉及 DOM 元素的操作都不被 WEEX 支持。

同时，WEEX 标签支持事件绑定操作，不过和浏览器捕捉及触发事件的方式不同，WEEX 中的事件是由原生组件捕捉并触发的，并且事件的属性也和 Web 平台中的有差异。

WEEX 不支持 BOM 操作

BOM（浏览器对象模型）是浏览器为 JavaScript 提供的接口，由于 WEEX 在移动客户端运行时并不需要浏览器环境，所以 WEEX 也不支持浏览器提供的 BOM 接口以及 BOM 接口提供的 API。

由于 WEEX 并未提供浏览器中的 window 对象和 screen 对象，并且不支持使用全局变量，因此想要获取设备的屏幕或环境信息，可以使用 WXEnvironment 变量。同时，WEEX 也没有提供面向浏览器的 history、location 和 navigator 等对象，如果要管理和操作视图之间的跳转，需要借助 WEEX 提供的 navigator 模块来实现。

WEEX 支持调用移动原生 API

WEEX 能够调用移动原生 API，主要通过注册、调用模块来实现。虽然 WEEX 中内置了一些通用的组件和模块，如 clipboard、navigator 和 storage 等，不过，WEEX 内置的原生模块往往非常有限，为了保持框架的通用性，此时可以通过 WEEX 提供的横向扩展能力来扩展原生模块。

1.1.2 设计理念

为了让读者更全面地了解 WEEX 框架，以及在合适的场景中使用 WEEX 进行跨平台应用开发，本节会从 WEEX 的设计理念入手，详细介绍 WEEX 的设计哲学和优势。

性能为王

性能对于 WEEX 来说，是最为重要的核心价值，也是 WEEX 区别于传统的基于 WebView 的 Hybrid 框架的重要特性之一。和 React Native 的机制一样，WEEX 的虚拟 DOM 机制使用 JavaScript 上下文来维护页面布局，并通过向移动终端发送规范化的渲染指令，进而调用

Android、iOS 的原生渲染引擎来渲染界面。相比于浏览器环境通过渲染系统实现渲染的方式，WEEX 是通过原生系统 UI 体系来达到更佳的性能和用户体验的。

同时，WEEX 也采取了多种手段来优化性能体验，包括优化 JavaScript 与 Native 端的通信频率和通信量，使用二进制的方式降低单次通信的耗时等。未来还会通过跨平台内核将 DOM 管理移至原生层实现，以彻底解决原生平台与 JavaScript 层之间进行异步通信带来的成本问题，从多个维度提升 WEEX 引擎的性能。

交互与体验

提升交互体验一直是 WEEX 不断追求的目标。与 React Native 等跨平台技术方案不同，WEEX 希望在 Android、iOS 及 Mobile Web 等终端上具有完全一致的表现，因此 WEEX 在内置组件的设计上充分考虑到终端表现的一致性，并为 WEEX 开发者提供一致的交互体验。

为了满足这一需求，WEEX 借助 GCanvas 等组件增强了框架的 2D 及 3D 渲染能力，为高性能渲染场景提供了可能；同时，借助 WEEX 的 Expression Binding 交互理念，用户与应用交互时的体验得以提升。对于前端开发中列表性能较差的问题，WEEX 提供了基于模板和数据分离的 recycle list 组件，大大提升了列表的渲染和交互性能。

更高的开发效率

易用和高效，是 WEEX 不断致力提升的方向。从一开始，WEEX 的设计理念就是面向前端开发技术栈，利用前端技术在开发体验和效率上的优势，为开发者提供接近前端开发体验的开发环境。

基于此，开发者可以使用 JavaScript、CSS 和 HTML 技术来进行 WEEX 开发。WEEX 的内置组件则通过 HTML 标签提供给开发者，API 也通过 JavaScript 对象提供。同时，WEEX 还支持 Vue.js DSL，因此开发者可以利用 Vue.js 提供的强大易用的开发范式来进行 WEEX 应用开发。

易于扩展

易于扩展是衡量一个框架好坏的重要特性之一，因此从一开始 WEEX 就注重易于扩展方面的设计。基于 WEEX 的实现特点，WEEX 在框架层面提供了模块和组件两种扩展方式。

其中，模块用于扩展无 UI 的基础功能接口，而组件则用于扩展包含 UI 的界面组件，开发者可以根据需要，选择不同的扩展方式实现需求。

1.1.3 WEEX 工作原理

作为一套前端跨平台技术框架，WEEX 建立了一套源码转换以及原生平台与 JavaScript 通信的机制。WEEX 表面上是一个客户端框架，但实际上它串联起了从本地开发、云端部署到分发的整个链路。

具体来说，整个链路的串联过程是这样的：在开发阶段编写一个.we 文件，然后使用 WEEX 提供的 weex-toolkit 转换工具将.we 文件转换为 JSBundle，并将生成的 JSBundle 部署到云端，最后通过网络请求或预下发的方式将其加载至用户的移动应用客户端；当集成了 WeexSDK 的客户端接收到 JSBundle 文件后，再调用本地的 JavaScript 引擎来执行相应的 JSBundle，并将执行过程中产生的各种命令发送到原生平台进行界面渲染、数据存储、网络通信以及用户交互响应。WEEX 的整个工作流程图如图 1-1 所示。

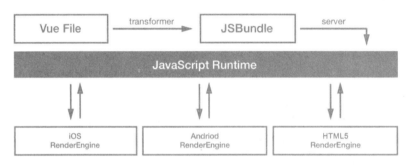

图 1-1　WEEX 的整个工作流程图

由图 1-1 可知，WEEX 框架中最核心的部分是 JavaScript Runtime。具体来说就是，当需要执行渲染操作时，在 iOS 环境下选择基于 JavaScriptCore 的 iOS 系统提供的 JSContext，在 Android 环境下使用基于 JavaScriptCore 的 JavaScript 引擎。

当 JSBundle 从服务器端下载完成之后，WEEX 在 Android、iOS 和 Web 端会运行一个 JavaScript 引擎来执行 JSBundle，同时向各终端的渲染层发送渲染指令，并调度客户端的渲染引擎实现视图渲染、事件绑定和处理用户交互等操作。

由于 Android、iOS 和 HTML5 等终端最终使用的是原生的渲染引擎，也就是说使用同一套代码在不同终端上展示的样式是相同的，并且 WEEX 使用原生引擎渲染的是原生的组件，所以在性能上要比传统的 WebView 方案好很多。

当然，尽管 WEEX 已经提供了开发者所需要的最常用的组件和模块，但面对丰富多样的移动应用研发需求，这些常用基础组件还是远远不能满足开发的需要，因此 WEEX 提供了灵活自由的扩展能力，开发者可以根据自身的情况定做属于自己客户端的组件和模块，从而丰富 WEEX 生态。

1.2　移动跨平台技术剖析

"得移动端者得天下"，移动端取代 PC 端，成了互联网行业最大的流量分发入口，因此不少公司制定了"移动优先"的发展策略。

为了帮助读者更好地学习 WEEX，本节将对 React Native、Flutter 和 PWA（Progressive Web App）等跨平台方案进行简单的介绍和对比。

1.2.1　React Native

React Native 是 Facebook 公司于 2015 年 4 月开源的跨平台移动应用开发框架，它是 Facebook 早先开源的 React 框架在原生移动应用平台上的衍生产物，目前主要支持 iOS 和 Android 两大平台。

React Native 使用 JavaScript 语言来开发移动应用，但 UI 渲染、网络请求等功能均由原生平台实现。具体来说就是，开发者编写的 JavaScript 代码会通过中间层转化为原生组件后再执行，因此熟悉 Web 前端开发的技术人员只需要很短的学习过程，就可以进入移动应用开发领域，并在不牺牲用户体验的前提下提高开发效率。

作为一个跨平台技术框架，React Native 从上到下可以分为 JavaScript 层、C++层和原生层。其中，C++层主要用于实现动态链接库（.so 文件），以作为中间适配层进行桥接，并实现 JavaScript 端与原生平台的双向通信。图 1-2 所示的是 React Native 在 Android 平台上的通信原理。

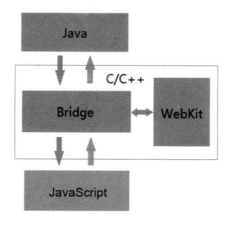

图 1-2　React Native 在 Android 平台上的通信原理

在 React Native 的三层架构中，最核心的就是中间的 C++层，C++层最核心的功能就是封装 JavaScriptCore，用于执行对 JavaScript 的解析。同时，原生平台提供的各种原生模块（如网络请求模块、ViewGroup 组件模块）和 JavaScript 端提供的各种模块（如 JS EventEmiter 模块）都会在 C++层实现的.so 文件中被保存起来，最终通过 C++层中保存的映射实现两端的交互。React Native 框架的工作原理如图 1-3 所示。

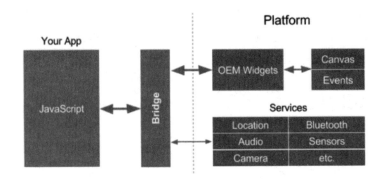

图 1-3 React Native 框架的工作原理

在 React Native 的开发过程中，大多数情况下开发人员并不需要了解 React Native 框架的具体细节，只需要专注 JavaScript 端的代码逻辑实现即可。但需要注意的是，由于 JavaScript 代码运行在独立的 JavaScript 线程中，所以在 JavaScript 中不能处理耗时的操作，如 fetch 网络请求、图片加载和数据持久化等。

最终，JavaScript 代码会被打包成一个 bundle 文件并自动添加到应用程序的资源目录下，而应用程序最终加载的也是打包后的 bundle 文件。React Native 的打包脚本位于 /node_modules/react-native/local-cli 目录下，打包后通过 metro 模块压缩 bundle 文件。通常 bundle 文件只包含打包的 JavaScript 代码，并不包含图片、多媒体等静态资源，而打包后的静态资源会被复制到对应的平台资源文件夹中。

总体来说，React Native 使用 JavaScript 来编写应用程序，然后调用原生组件执行页面渲染操作，在提高了开发效率的同时又保留了原生的用户体验。并且，伴随着 Facebook 重构 React Native 工作的完成，React Native 也将变得更快、更轻量、更强大。

1.2.2 Flutter

Flutter 是谷歌公司开源的移动跨平台框架，其历史最早可以追溯到 2015 年的 Sky 项目，该项目可以同时运行在 Android、iOS 和 Fuchsia 等包含 Dart 虚拟机的平台上，并且性能无限接近原生平台。与 React Native 和 WEEX 使用 JavaScript 作为编程语言，以及使用平台自身引擎渲染界面不同，Flutter 直接选择使用 2D 绘图引擎库 Skia 来渲染界面。

如图 1-4 所示，Flutter 框架主要由 Framework 层和 Engine 层组成，我们基于 Framework 层开发的 App 最终会运行在 Engine 层上。其中，Engine 是 Flutter 提供的独立虚拟机，正是由于它的存在，Flutter 程序才能运行在不同的平台上，实现跨平台运行的能力。

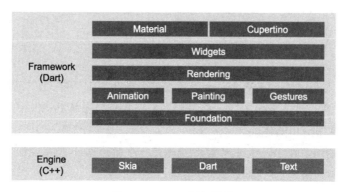

图 1-4　Flutter 框架架构

与 React Native 和 WEEX 使用原生组件渲染界面不同，Flutter 并不需要使用原生组件来渲染界面，而是使用自带的渲染引擎（Engine 层）来绘制页面组件（Flutter 显示单元），并且 Dart 代码会通过 AOT 被编译为对应平台的原生代码，实现与平台的直接通信，不需要通过 JavaScript 引擎进行桥接，也不需要使用原生平台的 Dalvik 虚拟机。Engine 层的渲染架构图如图 1-5 所示。

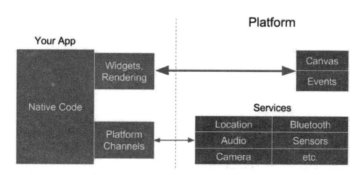

图 1-5　Engine 层的渲染架构图

作为 Flutter 框架的重要组成部分，Widget 是 Flutter 应用界面开发的基本内容，每个 Widget 都是界面的不可变声明。在 Flutter 应用开发中，Widget 是不能直接更新的，需要通过 Widget 的状态来间接更新，这是因为 Flutter 的 Widget 借鉴了现代响应式框架的构建过程，它有自己特有的状态。当 Widget 的状态发生变化时，Widget 会重新构建用户界面，并且 Flutter 会对比前后的不同，以确保底层渲染树从一个状态转换到下一个状态时所需的更改最小。

总体来说，Flutter 是目前最好的跨平台解决方案之一，它只用一套代码便可生成 Android 和 iOS 两种平台上的应用，很大程度上减少了 App 的开发和维护成本。同时，Dart 语言强大的性能表现和丰富的特性，也使得跨平台开发变得更加便利。而不足的是，Flutter 还处于初期测试阶段，许多功能还不是特别完善，而全新的 Dart 语言也增加了开发者的学习成本。Flutter 要完全替代 Android 和 iOS 原生开发，还有比较长的路要走。

1.2.3 PWA

PWA，全称为 Progressive Web App，是谷歌公司在 2015 年提出的渐进式网页开发技术。PWA 结合了一系列的现代 Web 技术，并使用多种技术来增强 Web App 的功能，最终可以让网页应用获得媲美原生应用的体验。

相比于传统的网页技术，渐进式 Web 技术是一个横跨 Web 技术及原生 App 开发的技术解决方案，具有可靠、快速且可参与等诸多特点。

具体来说就是，当用户从手机主屏幕启动应用时，不用考虑网络的状态就可以立刻加载出网页。并且相比传统的网页加载速度，PWA 的加载速度是非常快的，这是因为 PWA 使用了 Service Worker 等先进技术。除此之外，PWA 还可以被添加到用户的主屏幕上，不用从应用商店进行下载即可通过网络应用程序 Manifest 为用户提供媲美原生 App 的使用体验。

作为一种全新的 Web 技术方案，PWA 需要依赖一些重要的技术组件（如图 1-6 所示），它们协同工作，为传统的 Web 应用程序注入活力。

图 1-6　PWA 需要依赖的技术组件

其中，Service Worker 表示离线缓存文件，其本质是 Web 应用程序与浏览器之间的代理服务器。开发者可以在网络可用时将其作为浏览器和网络之间的代理，也可以在离线或者网络极差的环境下使用其中的缓存内容。

Manifest 则是 W3C 的技术规范，它定义了基于 JSON 的清单，为开发人员提供了一个集中放置与 Web 应用程序关联的元数据的地点。Manifest 是 PWA 开发中的重要一环，它为开发人员控制应用程序提供了可能。

目前，PWA 还处于起步阶段，使用的厂商也是诸如 Twitter、淘宝、微博等大平台。不过，PWA 作为谷歌公司主推的一项技术标准，已经被 Edge、Safari 和 FireFox 等主流浏览器所支持。可以预见的是，PWA 必将成为又一革命性技术方案。

1.2.4　对比与分析

在当前诸多的跨平台方案中，React Native、WEEX 和 Flutter 无疑是最优秀的。而从不同的细节来看，三大跨平台框架又有各自的优点和缺点，可以通过表 1-1 来查看。

表 1-1　三大跨平台框架对比

对比层面	React Native	WEEX	Flutter
支持平台	Android/iOS	Android/iOS/Web	Android/iOS
实现技术	JavaScript	JavaScript	原生编码/渲染
引擎	JavaScript V8	JavaScriptCore	Flutter Engine
编程语言	React	Vue.js	Dart
bundle 大小	单一、较大	较小、多页面	不需要
框架程度	较重	较轻	重

如表 1-1 所示，React Native 和 WEEX 采用的技术方案大体相同，它们都使用 JavaScript 来开发跨平台应用，通过将中间层转换为原生的组件后再利用原生的渲染引擎执行渲染操作。与 React Native 和 WEEX 使用原生平台渲染引擎不同，Flutter 直接使用 Skia 引擎来渲染视图，和平台没有直接的关系。就目前跨平台框架的实现技术来看，JavaScript 在跨平台应用开发中可谓占据半壁江山，大有"一统天下"的趋势。

从性能方面来看，Flutter 理论上是最好的，React Native 和 WEEX 次之，并且都好于传统的 WebView 方案。但从目前的实际应用来看，它们之间却并没有太大的差距，特别是和 0.5.0 版本以上的 React Native 对比，性能体验上的差异并不明显。

而从社群和社区角度来看，React Native 和 Flutter 无疑是最活跃的，React Native 经过 4 年多的发展已经成长为跨平台开发的实际领导者，并拥有各类丰富的第三方库和大量的开发群体。Flutter 作为新晋的跨平台技术方案，目前还处测试阶段，商用的案例也很少。不过，谷歌的号召力一直很强，未来究竟如何发展让我们拭目以待。

1.3　本章小结

传统的原生 Android、iOS 开发面临着诸多难以解决的问题，例如开发周期长、迭代缓慢等，因此很多公司备受困扰。所幸，近年来兴起的跨平台开发方案为解决这些问题找到了新的方向，借助这些优秀的跨平台开发框架，在不牺牲性能和体验的前提下，开发进度和多端研发的问题得到有效解决。目前，移动跨平台开发作为移动开发的重要组成部分，是移动开发者必须掌握的技能。

第 2 章 WEEX 快速入门

2.1 安装与配置 WEEX

"工欲善其事,必先利其器",学习 WEEX 之前需要先搭建好本地的开发环境,如果只是想简单地感受一下 WEEX 的魅力,那么可以通过 WEEX 提供的 Playground 在线运行环境(dotwe.org/vue)进行体验。

2.1.1 安装依赖

WEEX 官方提供了 weex-toolkit 脚手架工具来辅助开发和调试,不过需要先安装 Node.js 和 weex-cli 等相关的环境。

安装 Node.js

安装 Node.js 有多种方式,最简单的方式是从 Node.js 官网下载安装程序直接安装。如果是 macOS 环境,还可以使用 Homebrew 进行安装,安装命令如下:

```
brew install node
```

安装完成之后,可以使用下面的命令来检测是否安装成功。

```
$ node -v
v6.11.3
$ npm -v
3.10.10
```

通常,安装 Node.js 软件包后,npm 包管理工具也会被随之安装。因此,接下来可以直接使用 npm 来安装 weex-toolkit 工具,具体安装方法见"安装 weex-toolkit"部分。

安装 weexpack

weexpack 是 WEEX 新一代的工程开发套件，它是基于 WEEX 快速搭建应用原型的利器。使用 weexpack 可以让开发者快速通过命令行创建 WEEX 工程和插件工程，添加平台的 WEEX 应用模板。weexpack 还支持快速打包 WEEX 应用并安装到手机运行，创建 WEEX 插件模板并将插件发布到 WEEX 应用市场。安装 weexpack 的命令如下：

```
npm install -g weexpack
```

安装 weex-toolkit

weex-toolkit 是官方提供的一个脚手架命令行工具，可以使用它创建、调试以及打包 WEEX 项目。weex-toolkit 从 1.0.1 版本之后才开始支持初始化 Vue 项目，所以使用时请注意 weex-toolkit 的版本。weex-toolkit 的安装命令如下：

```
npm install -g weex-toolkit
```

注意，国内用户最好选择通过淘宝镜像去下载，安装时需要执行如下命令：

```
npm install -g cnpm --registry=https://registry.npm.taobao.org    //淘宝镜像
npm install -g weex-toolkit
```

安装完成之后，可以使用 weex -v 或者 weex 命令来验证是否安装成功。如果安装成功，会显示 weex 命令行工具的各项参数，如图 2-1 所示。如果安装遇到问题，则可以打开 Finder，找到/usr/local/lib/node_modules/weex-toolkit 目录，删除相关文件并重新进行安装。

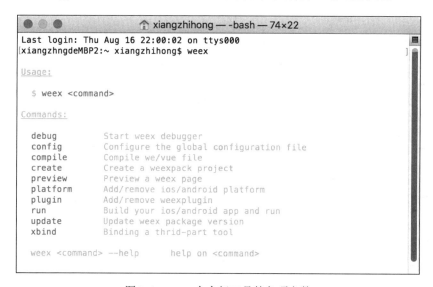

图 2-1　weex 命令行工具的各项参数

如果要升级 weex-toolkit，则可以使用下面的命令：

```
weex update weex-devtool@latest      // @后标注版本,latest 表示最新版本
```

安装 Android 环境

WEEX 作为一个跨平台技术方案,需要 Android 原生平台支持其运行,需要配置的 Android 开发环境包括:Java 相关环境、Android Studio 及 Android SDK。在安装编译 Android 项目时需要保证 Android build-tool 的版本为 23.0.2 以上。

安装 iOS 环境

对于 iOS 平台来说,需要配置的 iOS 开发环境包括 Xcode、CocoaPods 及其相关环境。其中,Xcode 是苹果公司提供的集成开发工具,用于开发 macOS 和 iOS 下的应用程序。而 CocoaPods 则是负责管理 iOS 项目第三方开源库的工具,合理地使用 CocoaPods 可以提高开发效率。

2.1.2 创建项目

我们使用 WEEX 的 create 命令初始化一个 WEEX 项目,具体如下:

```
weex create weexdemo
```

执行完上述命令后,在工程 weexdemo 目录下就会出现一个使用 WEEX 或 Vue 模板创建的工程,该工程的目录结构如下:

```
WeexProject
├── README.md                    //项目便签
├── android.config.json          //Android 工程配置
├── configs                      //WEEX 配置
├── ios.config.json              //iOS 工程配置
├── package-lock.json
├── package.json                 //项目 npm 包管理
├── platforms                    //平台模板目录
│   ├── ios                      //iOS 原生平台目录
│   └── android                  //Android 原生平台目录
├── plugins                      //插件下载目录
│   └── README.md
├── src                          //业务源码目录
│   └── index.vue
├── tools                        //工具目录
│   └── webpack.config.plugin.js
├── web                          //Web 平台目录
│   └── index.html
└── webpack.config.js            // webpack 模块打包配置目录
```

不过，通过 create 命令创建的 WEEX 工程默认不包含 iOS 和 Android 的原生工程模板。如果需要添加原生工程模板，则可以切换到 appName 目录后再安装依赖，模板默认会被安装到工程的 platforms 目录下。官方提供的模板默认支持 WEEX bundle 调试和插件机制，安装命令如下：

```
weexpack platform add ios          //安装 iOS 模板
weexpack platform add android      //安装 Android 模板
```

安装模板完成之后，会在工程目录下增加如下模板目录：

```
├── platforms
│   ├── ios
│   └── android
```

当需要用到混合开发时，就可以使用原生开发环境打开 Android 或 iOS 项目进行原生功能的开发。

2.1.3 开发与运行项目

使用 create 命令创建 WEEX 项目时，weex-toolkit 工具已经为我们生成了标准项目结构。此时，打开初始化的 WEEX 项目并定位到 /src/index.vue，该页面是 WEEX 的默认首页，代码如下：

```
<template>
  <div class="wrapper">
    <image :src="logo" class="logo" />
    <text class="greeting">The environment is ready!</text>
    <HelloWorld/>
  </div>
</template>

<script>
import HelloWorld from './components/HelloWorld.vue'
export default {
  name: 'App',
  components: {
    HelloWorld
  },
  data () {
    return {
      logo: 'https://gw.alicdn.com/tfs/TB1yopEdgoQMeJjy1XaXXcSsFXa-640-302.png'
    }
```

```
    }
  }
</script>
```

运行 WEEX 项目前，需要先使用命令 npm install 来安装项目的依赖包（可以在 package.json 文件中查看与项目相关的依赖），然后在项目的根目录下使用命令 npm run dev 和 npm run serve 开启 watch 模式和静态服务器。

如图 2-2 所示，打开浏览器，输入 http://localhost:8081/index.html 即可开启一个预览页面，使用 WEEX 提供的 Playground App 扫描生成的二维码，即可看到页面在手机上的渲染效果。

图 2-2　查看 WEEX 项目的渲染效果

如果需要在模拟器或真实设备上运行项目，则可以使用下面的命令来启动应用程序。在运行客户端命令前，请先启动服务器端服务。

```
weex run ios          //在 iOS 设备上运行
weex run android      //在 Android 设备上运行
```

需要注意的是，在运行启动命令前，应当确保 Android、iOS 所需要的原生运行环境配置正确，并且需要先启动模拟器或连接移动设备，再运行启动命令。

执行启动命令后，如果项目在编译过程中没有出现任何错误提示，系统会在运行时要求用户选择一个要安装该项目的设备，如图 2-3 所示。

```
weexsimple — node ◂ node /usr/local/bin/weex run ios — 68×20
Downloading dependencies
Using SDWebImage (3.7.5)
Using SocketRocket (0.4.2)
Using WXDevtool (0.15.3)
Using WeexPluginLoader (0.0.1.9.1)
Using WeexSDK (0.18.0.3)
Generating Pods project
Integrating client project
Sending stats
Pod installation complete! There are 5 dependencies from the Podfile
 and 5 total pods installed.
? Choose one of the following devices
  iPhone 5 ios: 10.2 (Simulator)
  iPhone 5s ios: 10.2 (Simulator)
  iPhone 5s ios: 11.0.1 (Simulator)
❯ iPhone 5s ios: 11.3 (Simulator)
  iPhone 6 ios: 10.2 (Simulator)
  iPhone 6 ios: 11.0.1 (Simulator)
  iPhone 6 ios: 11.3 (Simulator)
(Move up and down to reveal more choices)
```

图 2-3　选择 iOS 运行环境下要安装该项目的设备

运行 WEEX 项目时需要保证已经启动了模拟器或连接了移动设备，如果没有任何错误提示，那么启动完成后将会看到如图 2-4 所示的运行效果。

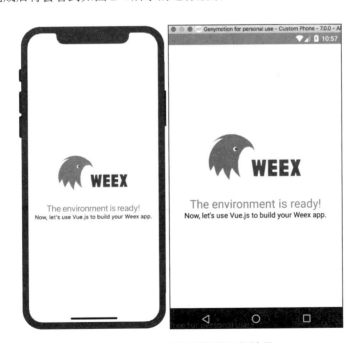

图 2-4　WEEX 示例项目的运行效果

此时，使用 IDE 打开 WEEX 项目，并尝试修改 src 目录下的 index.vue 文件，可以发现，修改的内容会立即生效。这和 React Native 的热加载如出一辙,这也是使用 JavaScript 语言进行跨平台开发的优势。

2.1.4 集成到 iOS

在原生 iOS 项目中接入 WEEX,需要本地已经安装好 iOS 的集成开发环境和 CocoaPods 等工具。如果在 iOS 原生项目中集成 WEEX,建议使用 CocoaPods 来管理依赖库,也就是说要确保项目目录中有名为 Podfile 的文件,如果没有则需要新建一个。新建完成之后,项目目录下就会多一个 Podfile 文件,在此文件中添加如下配置脚本:

```
source 'git@github.com:CocoaPods/Specs.git'
source 'https://github.com/cocoaPods/specs.git'

target 'WeexDemo' do
    platform:ios,'9.0'
    pod 'WeexSDK'
    pod 'SocketRocket'
    pod 'SDWebImage'
    pod 'WXDevtool',:configuration => ['Debug']
end
```

打开命令行并切换到项目中 Podfile 文件所在的目录,执行 pod install 命令即可安装项目的依赖库,如图 2-5 所示,如果没有出现任何错误则表示环境依赖配置已经完成。

图 2-5　安装项目的依赖库

需要注意的是,target 后面的名称需要和项目名称保持一致,并且对于依赖的第三方库,如果不指定库版本号,系统会默认下载最新的版本。WeexSDK 的最新版本可以通过 WEEX 源码来找到,打开 iOS 工程下的 WXDefine.h 即可找到相关的版本信息。

除了使用 CocoaPods 来管理依赖库,还可以使用源码来管理并添加 WeexSDK 的环境依赖。使用源码添加依赖首先需要从 GitLab 上将 WEEX 项目源码复制到本地,然后将 iOS 目录下的

sdk 文件复制到原生项目目录下。需要注意的是，使用源码添加 sdk 依赖需要注意 sdk 的路径，例如：

```
pod 'WeexSDK', :path=>'./sdk'
```

使用 Xcode 打开.xcworkspace 文件来导入 iOS 项目，然后在 AppDelegate.m 文件的 didFinishLaunchingWithOptions()方法中做一些初始化配置和启动 WEEX 环境等操作，代码如下：

```
-(void)initView{
    //相关配置
    [WXAppConfiguration setAppGroup:@"AliApp"];
    [WXAppConfiguration setAppName:@"WeexSimple"];
    [WXAppConfiguration setAppVersion:@"1.0.0"];
    //启动 WEEX 环境
    [WXSDKEngine initSDKEnvironment];
}

-(BOOL)application:(UIApplication*)application didFinishLaunchingWithOptions:(NSDictionary *)launchOptions {
    //在 didFinishLaunchingWithOptions 中初始化 WEEX
    [self initView];
    return YES;
}
```

接下来，需要指定要渲染的 WEEX 对象。WEEX 支持整体页面渲染和局部渲染两种模式，而开发者需要做的就是使用指定的 URL 来完成对 WEEX 视图的渲染，并将视图添加到它的父容器上。父容器通常是一个 ViewController，示例代码如下：

```
#import "WeexViewController.h"
#import <WeexSDK/WeexSDK.h>

@interface WeexViewController ()

@property (nonatomic, strong) WXSDKInstance *weexSDK;

@end

@implementation WeexViewController

- (void)viewDidLoad {
    [super viewDidLoad];
    self.weexSDK.viewController = self;
    self.weexSDK.frame = self.view.frame;

    NSString *str = [NSString stringWithFormat:@"http://%@:8081/%@", @"192.168.8.101", @"foo.weex.js"];
    [self.weexSDK renderWithURL:[NSURL URLWithString:str]];
```

```objc
    __weak typeof(self) weakSelf = self;
    self.weexSDK.onCreate = ^(UIView *view) {
        [weakSelf.view addSubview:view];
    };
    self.weexSDK.onFailed = ^(NSError *error) {
        //process failure
        NSLog(@"weexSDK onFailed : %@\n", error);
    };
    self.weexSDK.renderFinish = ^ (UIView *view) {
        //process renderFinish
    };
}

@end
```

如上，WeexViewController 类的核心功能就是加载指定 URL 的 Vue.js 文件来渲染 WEEX 的视图，并将这个视图添加到父容器的 ViewController 中。其中，WXSDKInstance 是一个很重要的类，提供了基础的函数和回调，如 renderWithURL、onCreate 和 onFailed 等。

同时，为了避免造成内存泄漏，还需要在 ViewController 的 dealloc 生命周期阶段销毁 WXSDKInstance。

```objc
- (WXSDKInstance *)weexSDK {
    if (!_weexSDK) {
        _weexSDK = [WXSDKInstance new];
    }
    return _weexSDK;
}

- (void)dealloc {
    [_weexSDK destroyInstance];
}
```

启动 iPhone 模拟器并运行上面的项目，即可打开代码中指定的 Vue.js 页面，并在 iOS 环境下执行该页面的渲染操作。

除了使用上面介绍的两种方式，还可以通过将下载的 WeexSDK 源码编译成 framework 静态库的方式来集成。具体来说就是，使用 git clone 命令将 WeexSDK 源码复制到本地，然后再将其编译成 framework 静态库，代码如下：

```
git clone https://github.com/apache/incubator-weex.git
```

之后使用 Xcode 打开 weex/ios/sdk 目录下的 WeexSDK.xcodeproj 文件，将编译目标切换为 WeexSDK_MTL，如图 2-6 所示。

图 2-6　将编译目标切换为 WeexSDK_MTL

使用 "command + B" 组合键或者点击右三角符号编译当前的目标，编译完成后会在 weex/ios/sdk/Products 目录下生成 .framework 文件，如图 2-7 所示。

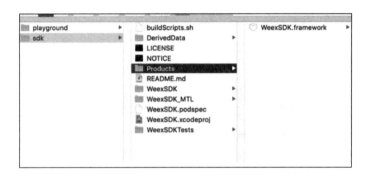

图 2-7　编译完成后生成 .framework 文件

接下来，需要将生成的 WeexSDK.framework 静态库导入 iOS 原生工程，并将此库添加到系统依赖中。使用 Xcode 打开 iOS 原生工程，并依次选择【Build Phases】→【Link Binary With Libraries】，然后选择添加按钮来添加 WeexSDK.framework 静态库，如图 2-8 所示。

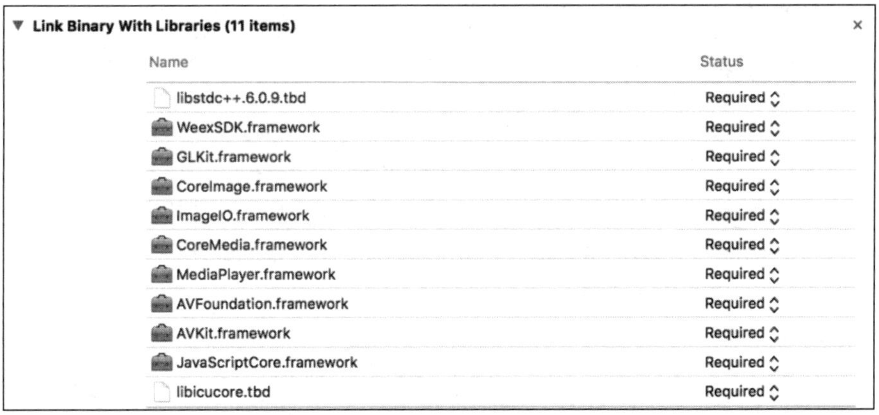

图 2-8　添加 WeexSDK.framework 静态库

为了让添加的静态库能够被系统识别和加载，还需要添加 -ObjC 配置，如图 2-9 所示。

图 2-9　添加-ObjC 配置

2.1.5　集成到 Android

要在原生 Android 项目中接入 WEEX，需要开发者具备一定的 Android 原生开发经验，并且在正式接入 WeexSDK 之前，要确保本地的开发环境满足如下需求。

- 安装了 JDK 环境，且 JDK 版本为 1.7 以上，并配置了环境变量。
- 安装了 Android SDK 并配置了环境变量。
- Android SDK 版本为 23 以上。
- SDK build tools 版本为 23.0.1 以上。
- Android Support Repository 版本为 17 以上。

Android 原生项目中集成 WEEX 的方式主要有源码依赖和 SDK 依赖两种，一般建议使用 SDK 依赖的方式。使用 SDK 依赖的方式接入 WEEX 时，需要在 build.gradle 文件中加入如下依赖：

```
implementation 'com.android.support:recyclerview-v7:23.1.1'
implementation 'com.android.support:support-v4:23.1.1'
implementation 'com.android.support:appcompat-v7:23.1.1'
implementation 'com.alibaba:fastjson:1.1.46.android'
implementation 'com.taobao.android:weex_sdk:0.5.1@aar'
```

需要注意的是，WEEX 环境所依赖的脚本的版本只可以高而不可以低。通过前面的介绍可知，在开发阶段编写的.we 文件或.vue 文件是不能直接被 WEEX 执行的，需要借助 weex-toolkit 将其转换为 JSBundle 文件后才能被底层的渲染环境执行。为了验证 WEEX 的加载过程，需要新建一个名为 hello.we 的.we 文件，其源码如下：

```
<template xmlns="http://www.w3.org/1999/html">
    <div>
        <div style="width: 750px; height: 200px;">
            <image class="img" src={{imageUrl}}></image>
        </div>
        <text class="text">Hello Weex</text>
    </div>
</template>
```

```
<script>
    module.exports = {
        data: {
            imageUrl:
'https://gtms02.alicdn.com/tps/i2/TB1QHKjMXXXXXadXVXX20ySQVXX-512-512.png',
        }
    }
</script>

<style>
    .img {
        width: 200px;
        height: 200px;
        margin-left: 275px;
    }
    .text {
        font-size: 30px;
        color: #666666;
        text-align: center;
    }
</style>
```

此时,可以执行命令 weex preview hello.we 在浏览器中预览页面效果。为了能够在 Android 设备上查看效果,还需要执行以下命令将.we 文件转换为.js 文件。

```
weex hello.we --output hello.js
```

执行完上面的命令后,会在 C:\Users\userName\.weex_tmp\目录下得到对应的 JavaScript 文件(.js 文件)。接下来,将刚才生成的.js 文件复制到 Android 项目的 assets 资源文件中,然后使用 WeexSDK 的 WXSDKInstance 类就可以加载.js 文件了,具体实现如下:

```
public class MainActivity extends AppCompatActivity implements
IWXRenderListener {

  WXSDKInstance mWXSDKInstance;

  @Override
  protected void onCreate(Bundle savedInstanceState) {
    super.onCreate(savedInstanceState);
    setContentView(R.layout.activity_main);

    mWXSDKInstance = new WXSDKInstance(this);
    mWXSDKInstance.registerRenderListener(this);
    mWXSDKInstance.render(WXFileUtils.loadFileOrAsset("hello.js", this));
  }

  @Override
```

```java
public void onViewCreated(WXSDKInstance instance, View view) {
  setContentView(view);
}

//省略其他函数

@Override
protected void onResume() {
  super.onResume();
  if(mWXSDKInstance!=null){
    mWXSDKInstance.onActivityResume();
  }
}

@Override
protected void onPause() {
  super.onPause();
  if(mWXSDKInstance!=null){
    mWXSDKInstance.onActivityPause();
  }
}

@Override
protected void onStop() {
  super.onStop();
  if(mWXSDKInstance!=null){
    mWXSDKInstance.onActivityStop();
  }
}

@Override
protected void onDestroy() {
  super.onDestroy();
  if(mWXSDKInstance!=null){
    mWXSDKInstance.onActivityDestroy();
  }
}
}
```

启动并运行 Android 工程，如果没有任何错误提示，则说明成功集成了 WeexSDK。

2.1.6　WEEX 语法插件

Weex Language Support 插件是 WEEX 官方提供的语法检测工具，它可以实现语法高亮、自动补全和错误检查等操作。

在 IDE 上依次选择【Preferences】→【Plugins】→【Browse Repositories】来搜索并安装 Weex Language Support 插件，如图 2-10 所示。安装完毕后重启 IDE 即可激活插件的相关功能。

图 2-10　安装 Weex Language Support 插件

除此之外，Weex Language Support 插件还支持自定义配置，可以依次选择【Preferences】→【Weex language support】来打开配置界面，然后填写相关的配置信息，如图 2-11 所示。

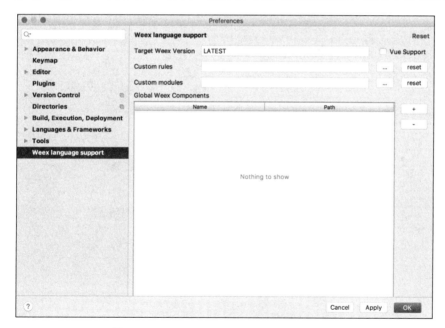

图 2-11　Weex Language Support 自定义配置

图 2-11 中一些选项的说明如下：
- Target Weex Version：配置的插件以哪一个版本为准来对 DSL 进行提示及检查。默认值为 LATEST，表示使用最新版本的 WEEX 语法规则。
- Vue Support：配置插件是否支持 WEEX 2.0 版本的 DSL，开启该选项后重启 IDE 生效。如果 IDE 内有其他支持 Vue.js 语法的插件，则需要关闭相应的插件后 WEEX 插件才能生效。
- Custom Rules：自定义的 WEEX DSL 规则。如果已经在原生平台中定义了自己的模块或组件，则可以通过自定义路径来引入插件中自定义的规则。
- Global Weex Components：默认情况下，插件会解析当前工程以及 npm root 路径下的 node_modules 文件，解析其中包含的 WEEX 组件并对其提供补全支持。

自定义规则往往包含在一个 JSON 文件中，JSON 文件的根节点为数组类型，数组中的每一个元素对应 DSL 中的一个标签。例如，下面是 <loading> 标签的规则：

```
{
    "tag": "loading",        //标签名，不可为空
    "attrs": [               //标签属性列表，可为空
      {
        "name": "display",           //属性名，不可为空
        "valuePattern": null,        //属性值的正则表达式，用于检测值是否合法，可为空
        "valueEnum": [               //属性值枚举，可为空
          "show",
          "hide"
        ],
        "valueType": "var",    //属性值类型，必须是 var 或 function，不可为空
        "since": 0,            //该属性何时被添加到 SDK 中，例如 0.11，默认为 0
        "weexOnly": false      //该属性是否仅在 1.0 语法中可用，默认为 false
      }
    ],
    "events": [   //事件列表，可为空
      {
        "name": "loading",     //事件名称，不可为空
        "since": 0             //该事件何时被添加到 SDK 中
      }
    ],
    "parents": [     //该标签允许被作为哪些标签的成员，可为空
      "list",
      "scroller"
    ],
    "childes": [
      "text",
      "image",
      "loading-indicator"
    ],
    "document": "/references/components/loading.html"   /*文档地址，配置该属性之后，可在编辑界面中对应的标签上直接打开文档*/
}
```

除此之外，Weex Language Support 插件的绝大部分功能都被集成到了编辑器上下文中，会随用户输入提供自动补全、提示或 Lint 等功能，而无须经过额外的配置。如图 2-12 所示，Weex

Language Support 插件提供了文档搜索功能，可以方便开发者快速查看帮助文档。

图 2-12 使用 Weex Language Support 插件查看文档

2.2 在 WEEX 中使用 Vue.js

Vue.js 作为当前主流的三大前端框架之一，是一套构建用户界面的渐进式框架。与其他大型的前端框架不同，Vue.js 被设计为可以自底向上逐层应用的框架。同时，Vue.js 的核心库只关注视图层，不仅易于上手，还便于与第三方库或既有项目整合，当与现代化的工具链以及各种支持类库结合使用时，Vue.js 完全能够为复杂的单页应用提供驱动。

2.2.1 与 Web 平台的异同

随着 WeexSDK 0.10.0 版本的发布，WEEX 正式支持 Vue.js，从此开发者便可以使用 Vue.js 来开发 WEEX 应用程序。不过，由于 Vue.js 最初是为 Web 平台设计的，所以使用 Vue.js 开发 WEEX 原生应用程序时会与 Web 平台上的开发有很多的差异，这些差异体现在上下文、DOM、样式和事件处理等方面。

上下文

众所周知，一个移动应用程序往往由众多页面组成，在 WEEX 中即对应多个 WEEX 编写的页面，每个页面都可以被视为原生开发中的 View 或 Activity，并且每个页面都有自己独立的上下文。所以，Vue.js 实例在每个页面上的含义都是不同的，甚至 Vue.js 的全局配置也只会影响 WEEX 应用的某个页面而不会影响全部页面。这样一来，一些作用于 Web 平台的 Vue.js 单页面应用技术（简称 SPA）对于 WEEX 来说也同样有效，如 Vuex 和 vue-router 等。

DOM

因为在 Android 和 iOS 平台上没有 DOM 的概念，所以如果想要在这两个平台上操作 DOM 可能会遇到一些兼容性问题。比如对于 v-html、vm.$el、template 等选项，在不同的平台上可能无法获得相同的结果。不过对于 WEEX 这种跨平台开发框架来说，直接操作数据或组件而不操作生成的元素是一个比较好的做法。

CSS

CSS 及其规则是 JavaScript 中最重要的两个内容，在 WEEX 框架中分别由 WEEX 的 JS 框架和原生渲染引擎进行管理。对于 WEEX 来说，要实现完整的 CSS 对象模型并支持所有的 CSS 规则是非常困难的，而且也没有这个必要。出于性能考虑，WEEX 目前只支持单个类选择器，并且只支持 CSS 规则的子集。

事件处理

相对于 Web 平台来说，由于 WEEX 暂不支持事件冒泡和捕获，因此其原生组件也不支持事件修饰符，例如 prevent、capture、stop 和 self 等事件修饰符。此外，在 WEEX 中按键修饰符以及系统修饰键也是不被支持的，例如 enter、tab、ctrl 和 shift 等。

2.2.2 单文件组件

如果读者对 Vue.js 框架比较熟悉的话，应该知道 Vue.js 项目有两种构建版本，即运行时编译器和只包含运行时。它们的区别主要在于编译器是否需要能够在运行时编译 template 选项。由于运行时构建版本比完整的构建版本要轻约 30%，所以为了获得更好的性能，WEEX 使用只包含运行时的方式来构建 Vue.js 项目。

所以，针对 Web 平台和移动平台各自的特性，在编译文件时需要注意选择编译的方式。对于 Web 平台来说，可以使用任何正式的方式来编译源文件，例如使用 webpack + vue-loader 或者 Browserify + vueify 的方式来编译 .vue 文件。而对于 Android 和 iOS 平台来说，只需要使用 weex-loader 来编译 .vue 文件即可。

这样一来，不同的平台使用不同的 bundle 文件时，可以充分利用平台原有的特性，减少构建时的兼容性代码，而构建 bundle 文件所采用的代码却是一样的，唯一的区别是编译 bundle 的方式不同。

与 Web 平台使用 webpack 来编译和打包不同，WEEX 使用的是一个经过精简和优化的 webpack，即 weex-loader。weex-loader 也是 webpack 的加载器，主要作用是把.vue 文件转化为简单的 JavaScript 模块，以便在 Android 和 iOS 环境上运行，weex-loader 的所有特性和配置都跟 vue-loader 是一样的。

需要注意的是，如果 webpack 配置的 entry 选项是一个.vue 文件的话，仍需要传递一个额外的 entry 参数，代码如下：

```
const webpackConfig = {
  entry: './path/to/App.vue?entry=true'

  /* 省略其他配置*/
  use: {
    loaders: [{
      // matches the .vue file path which contains the entry parameter
      test: /\.vue(\?^^]+)?$/,
      loaders: ['weex-loader']
    }]
  }
}
```

如果使用传统的.js 文件作为入口文件，则不需要写那些额外的参数，因此官方推荐使用.js 文件作为 webpack 配置的入口文件，如下所示：

```
{
  entry: './path/to/entry.js'
}
```

2.2.3　WEEX 支持的 Vue.js 功能

Vue.js 作为前端领域流行的 MVVM 框架，主要是为解决前端 Web 代码结构混乱问题而设计的。因此，当 WEEX 引入 Vue.js 时，并不是 Vue.js 中所有的功能和特性都在 WEEX 中适用，具体参考表 2-1。对于不支持的功能和特性，在使用 Vue.js 开发 WEEX 应用时应该予以注意。

在 Vue.js 的语法规则中，全局配置只会影响 WEEX 的单一页面，换句话说，全局配置不会在不同的 WEEX 页面之间共享。

表 2-1　WEEX 对 Vue.js 全局配置的支持情况

Vue.js 全局配置	支持情况	说明
Vue.config.silent	支持	Vue.js 的日志与警告
Vue.config.optionMergeStrategies	支持	自定义选项合并策略

续表

Vue.js 全局配置	支持情况	说明
Vue.config.devtools	不支持	vue-devtools 代码检查
Vue.config.errorHandler	支持	全局错误收集配置
Vue.config.warnHandler	支持	全局警告收集
Vue.config.keyCodes	不支持	v-on 自定义的 key 的别名
Vue.config.performance	不支持	作用与 Chrome DevTools 一样
Vue.config.productionTip	支持	阻止 Vue.js 在启动时生成提示

对于 Vue.js 全局 API 来说，常见的 API 除了 Vue.compile，其他的基本都被 WEEX 支持，具体参考表 2-2。

表 2-2　WEEX 对 Vue.js 全局 API 的支持情况

Vue.js 全局 API	支持情况	说明
Vue.extend	支持	构造新的组件
Vue.nextTick	支持	用于执行延迟回调
Vue.set	支持	向响应式对象中添加一个属性
Vue.delete	支持	删除对象的属性
Vue.directive	支持	自定义指令
Vue.filter	支持	注册或获取全局过滤器
Vue.component	支持	注册或获取全局组件
Vue.version	支持	Vue.js 安装版本号
Vue.compile	不支持	WEEX 使用的是只包含运行时构建

和诸多前端框架一样，Vue.js 实例也有自己的生命周期，而在不同的生命周期阶段可以处理不同的事情，WEEX 对 Vue.js 实例生命周期函数的支持情况如表 2-3 所示。

表 2-3　WEEX 对 Vue.js 实例生命周期函数的支持情况

Vue.js 实例生命周期函数	支持情况	说明
beforeCreate	支持	在实例初始化之后事件调用之前被调用
created	支持	在实例创建完之后被立即调用
beforeMount	支持	在挂载开始之前被调用

续表

Vue.js 实例生命周期函数	支持情况	说明
mounted	支持	挂载到实例之后被调用
beforeUpdate	支持	数据更新前被调用
updated	支持	数据更新后被调用
activated	不支持	不支持<keep-alive>
deactivated	不支持	不支持<keep-alive>
beforeDestroy	支持	实例销毁之前被调用
destroyed	支持	实例销毁之后被调用
errorCaptured	支持	当子孙组件产生错误时被调用

2.3 WEEX 调试

2.3.1 weex-toolkit 简介

在介绍 weex-devtool 之前，需要明确两个基本的概念：weex-toolkit 是工具集，而 weex-devtool 是远程调试工具，weex-toolkit 包含 weex-devtool。

weex-toolkit 作为 WEEX 官方提供的脚手架命令行工具，不仅可以帮助开发者轻松实现 WEEX 项目的创建，还可以用在调试、打包等操作中。

weex-devtool 远程调试工具，是 WEEX 在 Chrome DevTools 的基础上研发的一款适合 WEEX 前端和移动原生开发调试的工具，开发者可以使用它很方便地调试程序，可同时检查 WEEX 里的 DOM 属性和 JavaScript 代码中的断点调试情况，并且支持在 Android 和 iOS 平台上使用。

weex-devtool 扩展了 Chrome DevTools 的功能和协议，客户端和用于调试的服务器端之间采用 JSON-RPC 通信机制。本质上，使用 weex-devtool 来调试程序是两个进程之间协同、相互交换控制权及运行结果的过程。而使用 weex-devtool 来调试程序和普通的 Web 调试是一致的，因此对于前端开发者来说几乎不需要再额外学习。

最新版的 weex-toolkit 默认集成了 weex-devtool，所以只需要安装 weex-toolkit 即可使用 weex-devtool 的功能。安装 weex-toolkit 的命令如下：

```
npm i weex-toolkit@beta -g
```

安装完成后，可以使用 weex -v 命令来检测是否安装成功。确认安装成功后，在使用 weex-devtool 工具进行代码调试前，需要先启动调试服务，命令如下：

```
weex debug [folder | file]
```

在调试开始前，请确保安装了调试应用的手机与 PC 处于同一局域网下，并关闭 VPN 等代理设置，否则将无法正常进行调试。

然后，在控制台使用 weex debug 命令启动一个调试服务，启动后会自动在 Chrome 中打开一个调试页面，如图 2-13 所示。

图 2-13　调试页面

需要说明的是，自 weex-toolkit 1.1.0 版本开始，默认的 Debug 工具已经从 weex-devtool 切换至 weex-debugger，如果仍想使用旧版本 weex-devtool，则可以使用下面的两行命令：

```
weex xbind debugx weex-devtool
weex debug
```

除此之外，weex debug 命令还可以配合不同的参数，得到不同的效果，提高调试的效率，具体内容可以参考表 2-4。

表 2-4　weex debug 的相关参数及其作用

参数	描述
-v	weex debugger 的版本信息
-h	获取帮助信息
-H	设置浏览器打开的 host 地址，用于代理操作
-p	设置调试服务器的端口号，默认为 8088

续表

参数	描述
-m	开启此选项将不会自动打开浏览器
-e	设置文件拓展名用于编译器编译,默认为 vue
--min	开启该选项后将会压缩 JSBundle 文件
--telemetry	上传用户数据帮助提升 weex-toolkit 的体验
--verbose	显示详细的日志数据
--loglevel	设置日志等级,可选项有 silent、error、warn、info、log、debug
--remotedebugport	设置调试服务器的端口号,默认为 9222

weex debug 命令不但支持对整个项目进行调试,还可以对单个页面进行调试,使用下面的命令即可调试某个指定页面。

```
weex debug your_weex.vue  // your_weex.vue 为具体的.vue 文件
```

然后,使用 Playground App 或者使用集成了扫描功能的 App 扫描二维码即可开启页面调试,如图 2-14 所示。

图 2-14　开启页面调试

在 WEEX 中,使用 weex-devtool 进行调试会涉及 3 个对象:客户端、服务器端和 Web 端,三者的关系和作用如下。

客户端

在 Android 平台下,weex-devtool 客户端作为 AAR 插件被集成在 App 应用中,它通过 WebSocket 连接到调试服务器,并且未涉及安全检查。因此出于安全机制及包大小方面的考虑,建议客户端在接入 weex-devtool 时只考虑在 Debug 版本中使用。

服务器端

weex-devtool 服务器端是连接客户端和 Chrome 的桥梁，是信息交换的中枢，大多数情况下扮演一个消息转发服务器和 Runtime Manager 的角色。

Web 端

Web 端的 Chrome V8 引擎扮演着 JavaScript 运行时环境的角色，如果开启 Debug 模式，所有的 JSBundle 代码都会在该引擎上运行。另一方面，我们也复用了 Chrome 前端的调试界面，例如设置断点、查看调用栈等，当调试页面关闭时，Runtime 将会被清理。

2.3.2　weex-devtool 远程调试

和 Chrome DevTools 一样，weex-devtool 也提供了诸多有用的功能，常见的检测设备连接、Debugger、Breakpoint、Inspector、LogLevel 和 ElementMode 等功能在 WEEX 调试过程中同样适用。

借助 weex-devtool，开发人员可以动态检测客户端的连接和绑定情况，连接成功后客户端的调试界面会显示在浏览器上，如图 2-15 所示，然后打开浏览器页面上的【JS 调试】开关按钮即可开启程序调试。

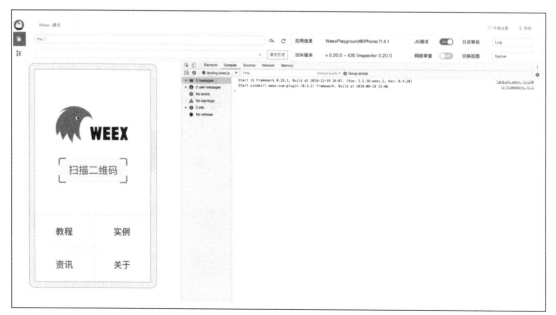

图 2-15　在浏览器上显示客户端的调试界面

需要说明的是，对于不同版本的 weex-devtool 调试工具，其调试的界面样式也有所不同，但是基本的调试技巧都是适用的。

在 WEEX 调试中，Elements 面板上展示的是 Android 和 iOS 环境下运行的 WEEX 程序的 DOM 树，以及 style 样式和布局。当鼠标在 DOM 树上移动时，DOM 树对应的节点会高亮显示，而通过切换视图选项可以切换当前视图的显示情况，并可以对页面的视图层级进行对应分析，通过类似的这些操作可以对 Elements 元素进行审查，如图 2-16 所示。

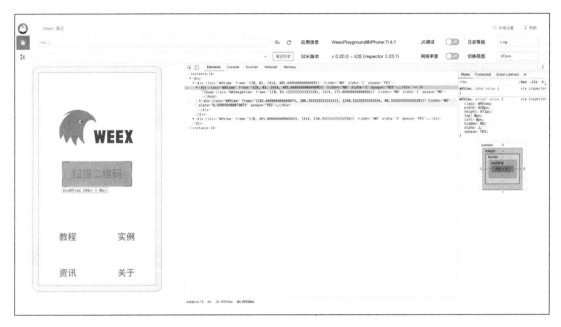

图 2-16　对 Elements 元素进行审查

对 Elements 元素进行审查的模式主要有两种，分别是 native 模式和 vdom 模式。其中，native 模式下展示的是 WEEX 映射的原生平台的视图结构，此种模式更接近实际效果。而 vdom 模式则对应的是.vue 文件中定义的 DOM 树结构，主要用来审查将.vue 文件编译为 JSBundle 之后对应的 DOM 树的逻辑构成。

开启 Network 监测功能后，开发者还可以收集 WEEX 应用中的网络请求和其他请求信息，如图 2-17 所示。

需要说明的是，使用 weex-devtool 进行远程调试时，通常会涉及大量的 screencast 操作。screencast 操作在移动网络下会产生较大的流量开销，因此建议在 Wi-Fi 条件下进行调试操作。

点击控制台顶部的【环境设置】选项，开发者还可以对 WEEX 页面上运行的依赖文件进行修改替换，修改完成后依次点击【生成文件】→【更改设置】，即可对文件进行替换，如图 2-18

所示。

图 2-17 使用 Network 监测功能收集网络信息

图 2-18 对文件进行修改替换

除此之外，借助 weex-toolkit 脚手架工具，开发者还可以很方便地查看原生 Android、iOS 平台相关的日志信息，并且 weex-devtool 还支持对日志进行分级。具体来说，weex-devtool 中的 LogLevel 功能会将日志分为 debug、info、warn、log 和 error 这 5 个等级，开发者可以根据实际需要筛选特定等级的日志信息，如图 2-19 所示。

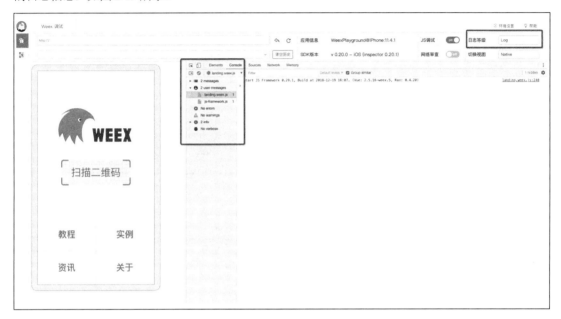

图 2-19　筛选特定等级的日志信息

当然，除了上面介绍的一些开发中必需的功能，weex-devtool 还提供了其他诸多有用的功能。合理地使用这些功能可以帮助开发者提高开发效率、减少代码 bug。

2.3.3　集成 weex-devtool 到 iOS

weex-devtool 是 WEEX 官方为前端和原生开发提供的一款调试工具，可同时进行 WEEX 中 DOM 属性的检查和 JavaScript 代码断点的调试，支持在 Android 和 iOS 两大平台上使用。在 iOS 原生项目中接入 weex-devtool 主要有两种方式：使用 CocoaPods 的方式和使用源码的方式。

使用 CocoaPods 的方式接入 weex-devtool 只需要在工程的 Podfile 文件中添加 WXDevtool 配置，代码如下：

```
source https://github.com/CocoaPods/Specs.git,
pod 'WXDevtool', '0.15.3', :configurations => ['Debug']
```

然后使用命令 pod install，即可在项目中安装 WXDevtool 依赖库。如果需要查询最新版本，则可以通过更新 podspec repo、pod search 来查询，并在 Podfile 文件中修改依赖的版本配置。

如果使用源码来接入 weex-devtool，则需要先从 GitHub 网站上下载 weex-devtool 源码，然后将 source 源文件目录拖动到 iOS 工程中并勾选相应的选项，如图 2-20 和图 2-21 所示。

```
git clone https://github.com/weexteam/weex-devtool-iOS.git
```

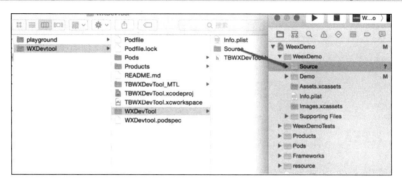

图 2-20　将 weex-devtool 源码的 source 源文件目录拖动到 iOS 工程中

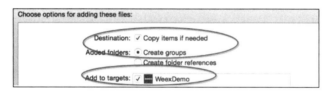

图 2-21　勾选源码依赖的必要信息

对于上述两种集成方式，使用 CocoaPods 的方式添加 framework 静态库是一种比较常见的做法，所以推荐使用此种方式接入。

集成完成后，打开 WXDevtool 库下的 WXDevtool.h 头文件可以看到如下代码：

```
@interface WXDevTool : NSObject

+ (void)setDebug:(BOOL)isDebug;

+ (BOOL)isDebug;

+ (void)launchDevToolDebugWithUrl:(NSString *)url;

@end
```

其中，setDebug 函数的参数为 YES 时开启 Debug 模式，反之关闭 Debug 模式，此外要开启 WXDevtool 提供的调试功能还需要在 iOS 原生应用中添加如下代码：

```
[WXDevTool launchDevToolDebugWithUrl:@"ws://30.30.31.7:8088/debugProxy/native"];
```

其中，ws 地址是 weex debug 的调试地址，如果希望程序一启动就开启调试，还需要在 AppDelegate.m 文件的 didFinishLaunchingWithOptions 函数中添加如下代码：

```
[WXDevTool setDebug:YES];        //启动 WEEX 调试
```

```
[WXDevTool
launchDevToolDebugWithUrl:@"ws://192.168.1.47:8088/debugProxy/native/d4b322b
3-d97e-47f1-935e-b50084fbf4a6"];
```

需要注意的是，launchDevToolDebugWithUrl 最后需要跟一个 channelId，该 channelId 是运行 weex debug 命令后生成的二维码的唯一链接地址，每次运行 weex debug 命令后都会更新 channelId，每次调试前都需要注意一下 channelId 是否被同步。

具体来说，在调试 WEEX 客户端前，要先使用 weex debug 启动 Debug 调试服务，然后将生成的 channelId 添加到 launchDevToolDebugWithUrl 中，最后使用 weex run ios 命令启动 iOS 客户端，并在浏览器中输入如下地址开启客户端调试，如图 2-22 所示。

```
http://192.168.8.101:8088/debug.html?channelId=f13fe025-63b8-420a-ad11-b
0b2dd372b35           // channelId是可变的
```

其中，192.168.8.101 为调试的服务器地址，运行 weex debug 命令后系统会随机生成一个 channelId 作为调试的唯一地址。

图 2-22　开启客户端调试

如果需要使用 WEEX 的热更新功能，最好使用命令来启动 App，这样就可以在不打开 Web 服务的情况下执行 Debug 调试，并且修改任何源码的内容都会即时反映到客户端界面上。

2.3.4　集成 weex-devtool 到 Android

和 iOS 接入 weex-devtool 的方式相似，在 Android 原生项目中接入 weex-devtool 有添加 Gradle 依赖、Maven 依赖和源码依赖 3 种方式。其中，通过 Gradle 依赖 weex-devtool AAR 的脚本代码如下：

```
dependencies {
```

```
    compile 'com.taobao.android:weex_inspector:${version}'
}
```

而对于通过添加 Maven 依赖的方式构建的项目，weex-devtool 的依赖配置如下：

```
<dependency>
  <groupId>com.taobao.android</groupId>
  <artifactId>weex_inspector</artifactId>
  <version>${version}</version>
  <type>pom</type>
</dependency>
```

如果使用源码来接入 weex-devtool，则需要先从 GitHub 上下载 weex-devtools-android 的源码，然后将源码的 Inspector 目录当成一个单独的模块库添加到 App 项目中。具体来说就是，在应用的 build.gradle 中添加如下依赖：

```
dependencies {
  compile project(':inspector')
}
```

由于引入 Inspector 库时有一部分包是通过 provided 被引入的，所以在正式接入 weex-devtool 时需要自行解决依赖和版本冲突问题，具体可以参考表 2-5。

表 2-5 在 Android 原生项目中接入 weex-devtool 的版本兼容表

WeexSDK	Weex Inspector
0.16.0+	0.12.1
0.17.0+	0.13.2
0.18.0+	0.13.4-multicontext
0.19.0+	0.18.68
0.20.3.0-beta	0.20.3.0-beta

目前，Inspector 库以反射的方式动态调用了 okhttp-ws 库中的相关代码，所以在 Android 中集成 weex-devtool 需要添加 okhttp-ws 库的相关依赖，代码如下：

```
dependencies {
  compile 'com.squareup.okhttp:okhttp:2.3.0'
  compile 'com.squareup.okhttp:okhttp-ws:2.3.0'
  //或者
  compile 'com.squareup.okhttp:okhttp:3.4.1'
  compile 'com.squareup.okhttp:okhttp-ws:3.4.1'
}
```

同时，集成 weex-devtool 时还需要注意 okhttp 与 okhttp-ws 的版本兼容问题，具体可以参考表 2-6。

表 2-6　okhttp 与 okhttp-ws 的版本兼容表

okhttp 版本	okhttp-ws 版本
okhttp	okhttp-ws 2.7.5 版本以下
okhttp3	okhttp3-ws 3.5 版本以下

如果客户端中集成的版本与上述版本不匹配，则可以将自定义的 WebSocket 添加到 WeexInspector.overrideWebSocketClient 方法中来实现兼容，代码如下：

```java
public class CustomWebSocketClient implements IWebSocketClient {

  private WebSocket ws;

  @Override
  public boolean isOpen() {
    return ws != null;
  }

  @Override
  public void connect(String wsAddress, final WSListener listener) {
    OkHttpClient okHttpClient = new OkHttpClient();
    okHttpClient.setConnectTimeout(5, TimeUnit.SECONDS);
    okHttpClient.setReadTimeout(5, TimeUnit.SECONDS);
    okHttpClient.setWriteTimeout(5, TimeUnit.SECONDS);

    Request request = new Request.Builder().url(wsAddress).build();
    WebSocketCall WebSocketCall = WebSocketCall.create(okHttpClient, request);
    WebSocketCall.enqueue(new WebSocketListener() {
      @Override
      public void onOpen(WebSocket WebSocket, Request request, Response response) throws IOException {
        ws = WebSocket;
        listener.onOpen();
      }

      @Override
      public void onMessage(BufferedSource payload, WebSocket.PayloadType type) throws IOException {
        if (WebSocket.PayloadType.TEXT == type) {
          listener.onMessage(payload.readUtf8());
        }
      }

      @Override
```

```java
      public void onPong(Buffer payload) {
        //ignore
      }

      @Override
      public void onClose(int code, String reason) {
        listener.onClose();
      }

      @Override
      public void onFailure(IOException e) {
        listener.onFailure(e);
      }
    });
  }

  @Override
  public void close() {
    if (ws != null) {
      try {
        ws.close(CloseCodes.NORMAL_CLOSURE, "Normal closure");
      } catch (IOException e) {
        e.printStackTrace();
      }
    }
  }

  @Override
  public void sendMessage(int requestId, String message) {
    if (ws != null) {
      try {
        ws.sendMessage(WebSocket.PayloadType.TEXT,new Buffer().writeString(message, Charset.defaultCharset()));
      } catch (IOException e) {
        e.printStackTrace();
      }
    }
  }
}
```

下面主要看一下在 Android 项目中集成 weex-devtool 并开启调试模式后的整个运作流程。

通过 WeexSDK 提供的 sRemoteDebugMode 和 sRemoteDebugProxyUrl 可以很方便地设置调试开关和 DebugServe 的 WebSocket 地址，命令如下：

```java
public static boolean sRemoteDebugMode;           //是否开启Debug模式，默认关闭
public static String sRemoteDebugProxyUrl;        // DebugServe 的 WebSocket 地址
```

为了方便控制 sRemoteDebugMode 和 sRemoteDebugProxyUrl，我们可以将对这两个对象的操作封装成一个方法，例如：

```java
private void initDebugEnvironment(boolean enable, String host) {
  WXEnvironment.sRemoteDebugMode = enable;
  WXEnvironment.sRemoteDebugProxyUrl = "ws://" + host + ":8088/debugProxy/native";
}
```

一般来说，在修改了 WXEnvironment.sRemoteDebugMode 的属性值之后，还需要调用 WXSDKEngine.reload() 才能够使 Debug 模式生效。reload() 主要用来重置 WEEX 的上下文运行环境，在切换调试模式时需要调用此方法来创建新的 WEEX 运行时和 DebugBridge，并通过调用 JavaScript 桥接来开启服务器调试功能。

如下所示，在执行重新加载的过程中还会调用 launchInspector()，它是 WeexSDK 控制 Debug 模式的核心方法，其传入参数为 remoteDebug，若该参数值为 true，则该方法会尝试以反射的方式获取 DebugBridge，并在远程服务器端执行 JavaScript；若该参数值为 false，则在本地运行。

```java
private void launchInspector(boolean remoteDebug) {
  if (WXEnvironment.isApkDebugable()) {
    try {
      if (mWxDebugProxy != null) {
        mWxDebugProxy.stop();
      }
      HackedClass<Object> debugProxyClass = WXHack.into("com.taobao.weex.devtools.debug.DebugServerProxy");
      mWxDebugProxy = (IWXDebugProxy) debugProxyClass.constructor(Context.class, WXBridgeManager.class)
            .getInstance(WXEnvironment.getApplication(), WXBridgeManager.this);
      if (mWxDebugProxy != null) {
        mWxDebugProxy.start();
        if (remoteDebug) {
          mWXBridge = mWxDebugProxy.getWXBridge();
        } else {
          if (mWXBridge != null && !(mWXBridge instanceof WXBridge)) {
            mWXBridge = null;
          }
        }
      }
    } catch (HackAssertionException e) {
      WXLogUtils.e("launchInspector HackAssertionException ", e);
    }
  }
}
```

最后，通过在 Android 原生平台中响应 ACTION_DEBUG_INSTANCE_REFRESH 广播来保

持 Chrome 调试页面与 Android 端的一致性。当 Android 端接收到该广播后，当前的 WEEX 容器会在 Debug 模式下重新加载页面。例如，下面是官方 Playground 示例程序的处理代码。

```java
public class RefreshBroadcastReceiver extends BroadcastReceiver {
  @Override
  public void onReceive(Context context, Intent intent) {
    if (IWXDebugProxy.ACTION_DEBUG_INSTANCE_REFRESH.equals(intent.getAction())) {
      if (mUri != null) {
        if (TextUtils.equals(mUri.getScheme(), "http") || TextUtils.equals(mUri.getScheme(), "https")) {
          loadWXfromService(mUri.toString());
        } else {
          loadWXfromLocal(true);
        }
      }
    }
  }
}
```

因此，接入方如果未对该广播进行处理，那么将无法即时刷新页面和在调试过程中修改代码。

2.4 本章小结

在移动跨平台技术框架中，React Native、WEEX 和 Flutter 无疑是备受瞩目的三大框架，它们可以在不牺牲性能和体验的前提下，加快开发进度，解决多端研发带来的问题，为企业节约资源。

本章主要从环境搭建、项目创建、运行和调试几个方面着手介绍了 WEEX 相关的入门知识，并适当穿插了 WEEX 框架原理方面的知识，为进行项目实战打下了理论基础。本章是 WEEX 的入门章节，相信通过本章的讲解，读者应该对 WEEX 的整体概况有了一个初步的了解和认识。

第 3 章 WEEX 基础知识

3.1 基本概念

在 WEEX 开发中，模版、样式和脚本是构成页面的基本元素。其中，模板是必选的，它由代表不同含义的组件构成；样式和脚本都是可选的，样式用于描述页面的具体展现形式，脚本则用于处理事件交互和数据行为。

3.1.1 组件

组件，又名控件，是一段独立可复用的代码，也是 WEEX 页面开发中最基本的组成部分之一。在 HTML 模板中，组件以自定义标签的形式存在，起到占位符的作用。而在 WEEX 中，组件本质上是一个拥有预定义选项的实例，它由模板、脚本和样式等部分组成。在被 WEEX 引擎渲染后，组件会被替换为实际的内容。

组件可以读取特定的属性，展示用户数据，用于承载和触发事件等操作，是前端页面开发中最基本的内容。下面是一个典型的 WEEX 页面代码，该页面由内置组件和样式构成。

```
//模板
<template>
  <div class="wrapper">
    <a class="button" href="xxx.js">
      <text class="text">跳转</text>
    </a>
  </div>
</template>
//样式
<style scoped>
  .wrapper {
    flex-direction: column;
```

```
    justify-content: center;
  }
  .button {
    //省略样式
  }
  .text {
    //省略样式
  }
</style>
```

在实际开发过程中，内置的组件可能无法满足开发需求，此时可以使用 WEEX 支持的自定义组件功能。不过在自定义组件时，需要使 Android、iOS 和 Web 三端都有相应的实现，因此对于开发者的要求比较高。

和 React Native 框架的组件类似，WEEX 的组件也支持在标签中声明 ref 属性，并通过 ref 属性获取组件的实例，继而调用组件的属性和函数，代码如下：

```
<template>
  <mycomponent ref='mycomponent'></mycomponent>
</template>
<script>
  module.exports = {
    created:function() {
      this.$refs.mycomponent.focus();
    }
  }
</script>
```

3.1.2 模块

模块（Module），是一种通用的代码组织与定义的方式，在软件领域特指功能方法和代码的集合。模块化的开发思路由来已久，模块作为一种代码组织方式，在很多编程语言中都能看到它的身影，模块开发也一直存在于 JavaScript 开发中。

在 WEEX 开发中，使用 require 关键字即可引入模块，然后通过模块实例即可直接调取模块中的方法。WeexSDK 在初始化项目的时候已经内置了一些常用的模块。例如，开发者可以使用内置的 stream 模块来进行网络请求，等待服务器端数据返回后再执行 WEEX 页面的数据填充操作，代码如下：

```
var stream = weex.requireModule('stream');
stream.fetch({
    method: 'GET',
    url: 'http://httpbin.org/get',
    type:'jsonp',
```

```
}, function(ret) {
 console.log('in completion')
},function(response){
 console.log('in progress')
});
```

3.1.3 适配器

适配器（Handler）是 WeexSDK 引擎中一个类似于服务（Service）的概念，它可以被组件、模块和其他的适配器实现或调用。

适配器使应用程序具备了解耦的能力，基于 interface 和 protocol 约束方法，适配器的调用方只需要实现适配器对应的接口声明方法即可，开发者无须关注适配器的具体实现细节。并且，通过接口获得数据或者调用 Handler 方法时，对应的适配器在生命周期执行期间只有一个实例。

与组件和模块的作用不同，适配器是专门为原生开发而设计的，适配器在整个应用程序中的位置如图 3-1 所示。

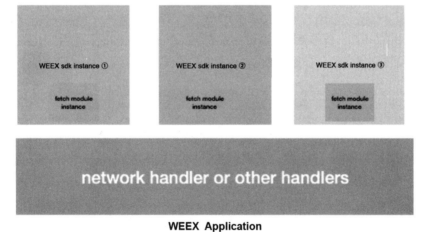

图 3-1 适配器在整个应用程序中的位置

如图 3-1 所示，假设当前 App 中打开了 3 个 WEEX 页面，且 3 个页面都已经调用过 fetch 模块进行数据请求，则每个页面都会动态地产生一个 fetch 模块的类对象。当 WEEX 页面被销毁时，页面持有的模块类对象也会被销毁，但是不管页面是否被销毁，fetch 模块类对象的适配器只有一个。

与组件、模块类似，WeexSDK 也内置了一些常用的适配器。

- navigationHandler：默认的导航操作适配器，该适配器在调用压栈或弹栈操作时被调用。
- imageLoaderHandler：图片加载适配器，用于从一个固定的 URI 中加载图片资源，WEEX

的<image>组件默认提供此适配器。
- AppMonitorHandler：渲染过程中做性能统计的适配器，调用该模块时可以将检测到的性能数据上传到监控平台进行性能统计。
- JSExceptionHandler：JavaScript 在运行时可能会发生一些错误，这些错误首先会被 JavaScript 引擎捕捉到，然后才会被抛到 WeexSDK 中，最后由 JSExceptionHandler 通知 JavaScript 层。
- URLRewriteHandler：WeexSDK 默认提供重写规则，重写规则主要由 URLRewriteHandler 提供。WEEX 开发者常见的<image>、<video>、<web>组件在加载 URL 时都会重写 URL。

3.2 样式

3.2.1 盒模型

在传统的 HTML 文档中，每个元素都被描绘成一个矩形盒子，这些矩形盒子通过一个模型来描述其占用的空间，这个模型即被称为盒模型。盒模型通常包含 margin、border、padding 和 content 这 4 个边界对象，如图 3-2 所示。

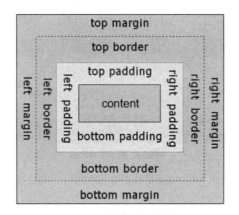

图 3-2　盒模型示意图

基于 CSS 盒模型，WEEX 盒模型的每个元素都可以被视为一个盒子。与传统的 CSS 盒模型不同，WEEX 盒模型目前只支持像素值，不支持相对单位 em 和 rem。

margin

margin 用于描述边框外的距离，外边距通常是透明的，并且外边距不会被计算到盒子的总体宽高之中，但盒子内的外边框会影响父级元素的宽度和高度。margin 支持如下写法。

- margin-left {length}：左外边距，默认值为 0。
- margin-right {length}：右外边距，默认值为 0。
- margin-top {length}：上外边距，默认值为 0。
- margin-bottom {length}：下外边距，默认值为 0。

border

border 用于描述围绕在内边距和内容外的边框，与 CSS 盒模型不同，border 目前不支持 border: 1 solid #ff0000 这样的组合写法。border 支持如下写法。

- border-style：用于设定边框的样式，值类型为 string，可选值有 solid、dashed 和 dotted，默认值为 solid。
- border-width {length}：用于设定边框宽度，非负值，默认值为 0。
- border-color {color}：用于设定边框颜色，默认值为#000000。
- border-radius {length}：用于设定边框圆角，默认值为 0。

需要注意的是，WEEX 盒模型的 box-sizing 默认值为 border-box，即盒子的宽高包含内容、内边距和边框的宽高，不包含外边距的宽高。在<image>等组件上尚无法使用 border-radius 属性。

```
<template>
  <div>
    <image style="width: 400px; height: 200px; margin-left: 20px;" src=""></image>
  </div>
</template>
```

在传统的 CSS 盒模型中，overflow:hidden 用来隐藏成员相对于父元素的超界溢出部分。尽管 overflow:hidden 在 Android 上是有效的，但只有下列条件都满足时，父视图才会去切割它的子视图。

- 父视图是<div>、<a>、<cell>、<refresh>和<loading>等组件。
- 系统版本是 Android 4.3 或更高版本，但不能是 Android 7.0。
- 父视图没有使用 background-image 属性或者运行在 Android 5.0 以及更高版本上。

padding

padding 用于表示内容与边框之间的填充距离，内边距默认为透明，padding 具有 4 个单独的属性，分别设置上、下、左、右内边距。

- padding-top{ length }：上内边距，默认为 0。
- padding-bottom{ length }：下内边距，默认为 0
- padding-left{ length }：左内边距，默认为 0。
- padding-right{ length }：右内边距，默认为 0。

content

content 用于表示需要填充的内容,而内容包括了文本、块状盒子、图片等盒模型对象,如下所示:

```
<body>
    <style type="text/css">
       .divblock { background: red;}
    </style>
    <div class="divblock">
       div 标签也是一个块状盒子
    </div>
</body>
```

<div>标签默认的表现形式是块(block),通过观察可以发现,block 块状盒子的默认宽度是 100%,而高度则是 content 中内容的高度,如果没有任何内容,则它的高度为 0。block 通常是一个外部容器,它用来承载<div>、<p>、<h1> 、<header>和<footer>等具体的块级元素。下面是一个盒模型的综合示例:

```
<html>
<head>

<style>
div {
    background-color: lightgrey;
    width: 300px;
    border: 25px solid green;
    padding: 25px;
    margin: 25px;
}
</style>
</head>


<body>
<h2>盒模型演示</h2>
<div>这里是盒子内的实际内容。参数为 25px 内间距、25px 外间距、25px 绿色边框。</div>
</body>
</html>
```

运行上面的代码,最终效果如图 3-3 所示。

图 3-3 盒模型的综合示例效果

3.2.2 弹性布局

FlexBox，中文译为弹性布局，主要用来为盒模型提供最大的灵活性。任何一个容器都可以被指定为弹性布局，块级元素使用 display:block，行内元素使用 display:inline-flex。

WEEX 布局模型基于 CSS 的弹性布局，以便所有页面元素的排版能够一致且可预测，同时适应各种设备或者屏幕尺寸的需求。

目前，大部分的浏览器和移动设备都支持 FlexBox，可以通过 Caniuse 官网查看具体的支持情况，如图 3-4 所示。不过在使用 FlexBox 时依然需要注意版本兼容情况，例如是否支持 wrapping 特性。

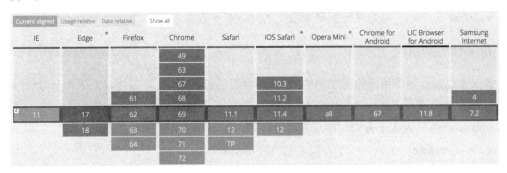

图 3-4 支持 FlexBox 的浏览器

FlexBox 主要由容器和成员项组成。采用弹性布局的元素，被称为 flex 容器（flex container），它的所有成员自动成为容器的成员，称为 flex 成员项（flex item）。在 WEEX 开发中，FlexBox 是默认且唯一的布局模型，所以不需要为元素手动添加 display: flex 属性。

如图 3-5 所示，flex 容器默认存在两根轴：水平的主轴（main axis）和垂直的交叉轴（cross axis）。主轴的开始位置叫作主轴起始（main start），结束位置叫作主轴结束（main end）；交叉轴的开始位置叫作交叉轴起始（cross start），结束位置叫作交叉轴结束（cross end）。flex 成员项默认沿主轴排列，单个成员项占据的主轴空间叫作主轴尺寸（main size），占据的交叉轴空间叫作交叉轴尺寸（cross size）。

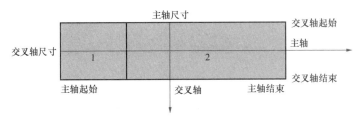

图 3-5 FlexBox 布局模型示意图

FlexBox 的主轴确定了容器内每一个成员项元素的排列方向，而交叉轴决定了成员项自身的排列方向。需要注意的是，容器的主轴不一定为水平方向的 x 轴，交叉轴也不一定为垂直方向的 y 轴，所以在使用时需要明确指定主轴和交叉轴的方向。

FlexBox 具有 12 个属性，其中 6 个作用于 flex 容器，6 个作用于 flex 成员项。作用于容器的属性如下。

- flex-direction：定义主轴方向。
- flex-wrap：flex 成员项必须单行排列或者自动换行。
- flex-flow：flex-direction 和 flex-wrap 组合的缩写。
- justify-content：将 flex 成员项和主轴对齐。
- align-items：将 flex 成员项在交叉轴上对齐。
- align-content：当交叉轴上有多余空间时，对齐容器内的轴线。

flex-direction

flex-direction 属性用于定义主轴的方向，即项目的排列方向，该属性有如下 4 个可能的值，示例如图 3-6 所示。

- row：主轴为水平方向，起点在容器左端，flex-direction 属性的默认值。
- row-reverse：主轴为水平方向，起点在容器右端。
- column：主轴为垂直方向，起点在容器上沿。
- column-reverse：主轴为垂直方向，起点在容器下沿。

图 3-6 flex-direction 属性示例

flex-direction 属性的语法格式如下：

```
.box {
  flex-direction: row | row-reverse | column | column-reverse;
}
```

flex-wrap

flex-wrap 属性用于指定 flex 成员项的换行方式。默认情况下，flex 成员项都排在一条线上，而 flex-wrap 属性就是定义换行方式的。flex-wrap 属性有如下 3 种可能的值。

- nowrap：不换行，默认的排列方式。
- wrap：换行，按照从上到下排列。
- wrap-reverse：换行，按照从下到上排列，和 wrap 相反。

flex-wrap 属性的语法格式如下：

```
.box{
  flex-wrap: nowrap | wrap | wrap-reverse;
}
```

flex-flow

flex-flow 属性是 flex-direction 属性和 flex-wrap 属性组合的简写形式，默认值为 row nowrap，其语法格式如下：

```
.box {
  flex-flow: <flex-direction> || <flex-wrap>;
}
```

justify-content

justify-content 属性用于定义 flex 成员项在主轴上的对齐方式。它有如下 5 种可能的取值，具体对齐方式与轴的方向有关。

- flex-start：左对齐，justify-content 属性的默认值。
- flex-end：右对齐。
- center：居中对齐。
- space-between：两端对齐，所有成员项间的间隔都相等。
- space-around：每个成员项两侧的间隔相等，这样一来，成员项之间的间隔比成员项与边框的间隔大一倍。

justify-content 属性的语法格式如下：

```
.box {
   justify-content: flex-start | flex-end | center | space-between | space-around;
}
```

align-items

align-items 属性用于定义 flex 成员项在交叉轴上的对齐方式，具体的对齐方式与交叉轴的方向有关，它有如下 5 种可能的取值。

- stretch：如果未给 flex 成员项设置高度或将其设为 auto，则 flex 成员项将占满整个容器的高度，align-items 属性的默认值。

- flex-start：交叉轴的起点对齐。
- flex-end：交叉轴的终点对齐。
- center：交叉轴的中点对齐。
- baseline：第一行文字的基线对齐。

align-items 属性语法格式如下：

```
.box {
  align-items: flex-start | flex-end | center | baseline | stretch;
}
```

align-content

align-content 属性的用于定义多根轴线的对齐方式，如果只有一根轴线，则该属性不起作用。该属性有如下 6 种可能的取值。

- flex-start：与交叉轴的起点对齐。
- flex-end：与交叉轴的终点对齐。
- center：与交叉轴的中点对齐。
- space-between：与交叉轴两端对齐，轴线之间的间隔平均分布。
- space-around：每根轴线两侧的间隔都相等，这样一来，成员项之间的间隔比成员项与边框之间的间隔大一倍。
- stretch：轴线占满整个交叉轴，align-content 属性的默认值。

align-content 属性的语法格式如下：

```
.box {
   align-content: flex-start | flex-end | center | space-between | space-around | stretch;
}
```

除了上面介绍的 flex 容器属性，FlexBox 还包含如下 6 个 flex 成员项属性。

- order：定义成员项的排列顺序。
- flex-grow：定义成员项的放大比例。
- flex-shrink：定义成员项的缩小比例。
- flex-basis：定义在分配多余空间之前，成员项占据的主轴空间。
- flex：flex-grow、flex-shrink 和 flex-basis 组合的简写方式。
- align-self：用于定义单个成员项与其他成员项不一样的对齐方式，可覆盖 align-items 属性。

order

order 属性用于定义成员项的排列顺序，数值越小，排列越靠前，默认值为 0，其示意图如图 3-7 所示。

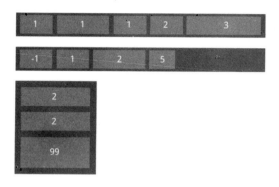

图 3-7　order 属性示意图

order 属性的语法格式如下：

```
.item {
  order: <integer>;
}
```

flex-grow

flex-grow 属性用于定义成员项的扩展比例，默认值为 0，即不占用任何剩余空间。

如图 3-8 所示，如果所有成员项的 flex-grow 属性都为 1，则它们将等分剩余空间。如果一个成员项的 flex-grow 属性为 2，其他成员都为 1，则前者占据的剩余空间将比其他成员项多一倍。

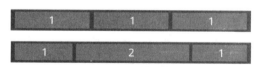

图 3-8　flex-grow 属性示意图

flex-grow 属性的语法格式如下：

```
.item {
  flex-grow: <number>;
}
```

flex-shrink

flex-shrink 属性用于定义成员项的缩小比例，默认值为 1。如果所有成员项的 flex-shrink 属性都为 1，则当容器空间不足时，所有成员项都将等比例缩小。如果一个成员项的 flex-shrink 属性为 0，其他都为 1，则当空间不足时前者不缩小。

flex-shrink 属性的语法格式如下：

```
.item {
  flex-shrink: <number>;
}
```

flex-basis

flex-basis 属性用于定义在分配多余空间之前，成员项占据的主轴空间大小，默认值为 auto，即成员项本来的大小。也可以将该属性的值设为跟 width 或 height 属性一样的值，那么成员项将占据固定空间的大小。

flex-basis 属性的语法格式如下：

```
.item {
  flex-basis: <length> | auto;
}
```

flex

flex 属性是 flex-grow、flex-shrink 和 flex-basis 的简写，默认值为"0 1 auto"。该属性有两个快捷值：auto（1 1 auto）和 none（0 0 auto）。

flex 属性的语法格式如下：

```
.item {
  flex: none | [ <'flex-grow'> <'flex-shrink'>? || <'flex-basis'> ]
}
```

align-self

align-self 属性允许单个成员项有与其他成员项不一样的对齐方式，并可以覆盖 align-items 属性。该属性有 6 种可能的取值，默认值为 auto，表示继承父元素的 align-items 属性，如果没有父元素，则等同于 stretch。该属性的示意图如图 3-9 所示。

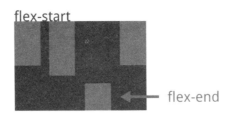

图 3-9　align-self 属性示意图

align-self 属性的语法格式如下：

```
.item {
  align-self: auto | flex-start | flex-end | center | baseline | stretch;
```

}

作为一种全新的布局方式，FlexBox 有效解决了传统盒模型中标签对齐、方向和排序混乱等问题，为前端页面开发带来了一种全新的布局方式。下面是一个弹性布局的综合示例，运行效果如图 3-10 所示。

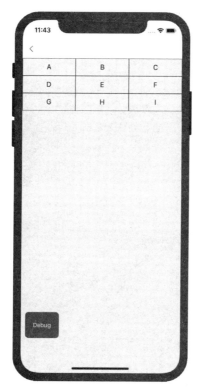

图 3-10　弹性布局综合示例效果图

该页面由模版、样式和脚本等元素构成，其源码如下：

```
<template>
  <div>
    <div v-for="(v, i) in list" class="row">
      <div v-for="(text, k) in v" class="item">
        <div>
          <text>{{text}}</text>
        </div>
      </div>
    </div>
  </div>
</template>
```

```
<style scoped>
  .item{
    flex:1;
    justify-content: center;
    align-items:center;
    border-width:1;
  }
  .row{
    flex-direction: row;
    height:80px;
  }
</style>

<script>
  module.exports = {
    data: function () {
      return {
        list:[
          ['A', 'B', 'C'],
          ['D', 'E', 'F'],
          ['G', 'H', 'I']
        ]
      }
    }
  }
</script>
```

如果想要改变表格的对齐方式，可以通过修改对应的<div>样式来实现。例如，想要将表格居中显示，那么只需要修改相应的<div>的样式即可，如下所示：

```
<template>
  <div class="wrapper">
   //….
  </div>
</template>

//修改对应的样式表
<style scoped>
  .wrapper {
    position: absolute;
    top: 0;
    right: 0;
```

```
    bottom: 0;
    left: 0;
    justify-content: center;
    align-items: center;
  }
</style>
```

3.2.3 定位属性

与 CSS 的 position 类似，WEEX 也支持样式的定位属性。具体来说，为元素设置 position 属性后，可通过 top、right、bottom 和 left 这 4 个属性来设置元素的坐标，其具体含义如下。

- position {string}：设置定位类型，可选值为 relative、absolute、fixed 和 sticky，默认值为 relative。
- top {number}：距离上方的偏移量，默认为 0。
- bottom {number}：距离下方的偏移量，默认为 0。
- left {number}：距离左方的偏移量，默认为 0。
- right {number}：距离右方的偏移量，默认为 0。

position 属性的类型及其具体含义如表 3-1 所示。

表 3-1 position 属性的可选值及其含义表

可选值	含义
relative	position 属性的默认值，用于指定相对位置
absolute	绝对定位，以元素的容器作为参考系
fixed	保证元素在页面窗口中的对应位置显示
sticky	仅当元素滚动到页面之外时元素会固定在顶部

需要注意的是，WEEX 目前不支持通过 z-index 来设置元素的层级关系，一般靠后的元素层级更高。因此，对于层级高的元素，可将其排列在布局的后面。

同时，对于 Android 环境来说，如果元素定位超过容器边界，则超出的部分将不可见，原因在于 Android 平台上元素 overflow 的默认值为 hidden，并且暂不支持 overflow: visible 设置。

position 属性是样式开发中的重要组成部分，可以使用它来决定元素在屏幕上的具体位置，下面是一个 position 属性的使用示例，效果如图 3-11 所示。

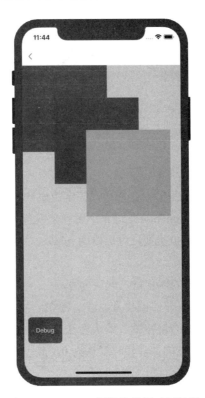

图 3-11　position 属性的使用示例效果

position 属性的示例源码如下：

```
<template scoped>
  <div class="wrapper">
    <div class="box box1">
    </div>
    <div class="box box2">
    </div>
    <div class="box box3">
    </div>
  </div>
</template>

<style>
  .wrapper {
    position: absolute;
    top: 0;
    right: 0;
    bottom: 0;
    left: 0;
```

```
    background-color: #cccccc;
  }
  .box {
    width: 400px;
    height: 400px;
    position: absolute;
  }
  .box1 {
    top: 0;
    left: 0;
    background-color: #ff0000;
  }
  .box2 {
    top: 150px;
    left: 150px;
    background-color: #0055dd;
  }
  .box3 {
    top: 300px;
    left: 300px;
    background-color: #00ff49;
  }
</style>
```

3.2.4　2D 转换

借助 transform 属性，我们可以对元素实现旋转、缩放、移动或倾斜等 2D 转换效果。目前支持的 transform 属性的声明函数如下。

- translate(x,y)：定义 2D 转换。
- translateX()：定义转换，只作用于 x 轴的值。
- translateY()：定义转换，只作用于 y 轴的值。
- scale(x,y)：定义 2D 缩放转换。
- scaleX()：通过设置 x 轴的值来定义缩放转换。
- scaleY()：通过设置 y 轴的值来定义缩放转换。
- rotate(angle)：定义 2D 旋转，在参数中规定角度。
- rotateX()：定义沿着 x 轴的 3D 旋转。
- rotateY()：定义沿着 y 轴的 3D 旋转。
- perspective()：为 3D 转换元素定义透视视图，需要高于 Android 4.1 的版本及 WEEX 0.16 的版本。
- transform-origin：用于更改转换元素的位置。

例如，下面是使用 transform 属性实现文字旋转效果的示例，运行效果如图 3-12 所示。

图 3-12　transform 属性的使用示例

transform 属性的示例源码如下：

```
<template>
  <div class="wrapper">
    <div class="transform">
     <text class="title">Transformed element</text>
    </div>
  </div>
</template>

<style>
  .transform {
    align-items: center;
    transform: translate(150px,200px) rotate(20deg);
    transform-origin: 0 -250px;
    border-color:red;
    border-width:2px;
  }
  .title {font-size: 48px;}
</style>
```

3.2.5　过渡

借助 CSS3 提供的 transition 属性，开发者可以在不使用 Flash 动画或 JavaScript 的情况下，为元素从一种样式变换为另一种样式添加平滑的过渡动画效果，从而提升应用的交互体验与视觉感受。

transition 属性有 4 个重要的参数，分别是 transition-property、transition-duration、transition-timing-function 和 transition-delay。

- transition-property：设置过渡动画的属性名以及样式效果，默认值为空，表示不执行任何 transition。

- transition-duration：指定 transition 过渡需要的时间，默认值为 0，表示没有过渡动画效果。
- transition-delay：指定 transition 效果执行的延迟时间，默认值为 0，表示没有延迟，即在请求后立即执行 transition 过渡。
- transition-timing-function：用于指定执行 transition 效果的转速曲线，从而使过渡更为平滑，默认值是 ease。

在上述的 4 个参数中，transition-property 具有的可选参数如表 3-2 所示。

表 3-2 transition-property 参数表

参数名	说明
width	执行 transition 时是否需要组件的宽度参与动画
height	执行 transition 时是否需要组件的高度参与动画
top	执行 transition 时是否需要组件的顶部距离参与动画
bottom	执行 transition 时是否需要组件的底部距离参与动画
left	执行 transition 时是否需要组件的左侧距离参与动画
right	执行 transition 时是否需要组件的右侧距离参与动画
backgroundColor	执行 transition 时是否需要组件的背景颜色参与动画
opacity	执行 transition 时是否需要组件的不透明度参与动画
transform	执行 transition 时是否需要组件的变换类型参与动画

而 transition-timing-function 可用的参数如表 3-3 所示，可以使用这些参数实现不同的动画效果。

表 3-3 transition-timing-function 参数表

参数名	说明
ease	transition 过渡逐渐变慢的过渡效果
ease-in	transition 过渡慢速开始，然后变快的过渡效果
ease-out	transition 过渡快速开始，然后变慢的过渡效果
ease-in-out	transition 过渡慢速开始，然后变快，最后慢速结束
linear	transition 过渡匀速变化
cubic-bezier	使用三阶贝塞尔函数自定义 transition 的变化过程

3.2.6 伪类

伪类用于向某些选择器添加特殊的效果。例如，使用伪类文档中的超链接添加不同的颜色。合理地使用伪类，可以提升应用的交互性与动画品质。

WEEX 支持 4 种伪类：active、focus、disabled 和 enabled，但并不是所有的 WEEX 组件都支持这 4 种伪类。其中，所有组件都支持 active，但只有 input 组件和 textarea 组件支持 focus、disabled 和 enabled。

- active：向被激活的元素添加样式。
- focus：向拥有键盘输入焦点的元素添加样式。
- disabled：禁用元素状态。
- enabled：激活元素状态。

在 CSS 样式表中，当多个规则作用于同一个 HTML 元素时，为了避免造成属性冲突，CSS 定义了一套优先级规范。伪类的优先级示意图如图 3-13 所示。总体来说，优先级为：!important>行内样式>ID 选择器>类选择器>标签>通配符>继承>浏览器默认属性。例如，当 input:active:enabled 和 input:active 同时作用于同一个元素时，前者会覆盖后者，因为前者的优先级高于后者。

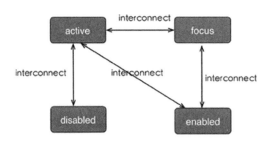

图 3-13 伪类的优先级示意图

下面是一个伪类的示例，当鼠标或手指触碰到带有 logo 的视图时，文字和背景颜色就会改变，如下所示：

```
<template>
  <div class="wrapper">
    <image :src="logoUrl" class="logo"/>
  </div>
</template>

<!--样式-->
<style scoped>
  .wrapper {
```

```
    align-items: center;
    margin-top: 120px;
  }
  .title {
    font-size: 48px;
  }
  .logo {
    width: 360px;
    height: 82px;
    background-color: red;
  }
  .logo:active {
    width: 180px;
    height: 82px;
    background-color: green;
  }
</style>

<!--脚本-->
<script>
    export default {
      props: {
        logoUrl: {
          default:
'https://alibaba.github.io/weex/img/weex_logo_blue@3x.png'
        },
        target: {
          default: 'World'
        }
      },
      methods: {
        update (e) {
          this.target = 'Weex';
        }
      }
    };
</script>
```

3.2.7 线性渐变

传统的渐变方式分为线性渐变和径向渐变两种，WEEX 暂不支持径向渐变，但支持线性渐变。CSS3 的线性渐变支持使用两个或多个颜色实现平稳过渡的效果，WEEX 支持线性渐变背景，并且所有的组件均支持线性渐变功能。线性渐变的语法格式如下：

```
background-image: linear-gradient(to top,#a80077,#66ff00);
```
与 CSS3 的渐变不同，使用 WEEX 目前只支持两种颜色的渐变，渐变方向如下。

- to right：从左向右渐变。
- to left：从右向左渐变。
- to bottom：从上到下渐变。
- to top：从下到上渐变。
- to bottom right：从左上角到右下角渐变。
- to top left：从右下角到左上角渐变。

下面是使用 WEEX 实现颜色渐变的一个示例，核心函数是 linear-gradient()，最终的运行效果如图 3-14 所示。

图 3-14　WEEX 实现颜色渐变的示例效果

线性渐变的示例源码如下：

```
<template>
  <scroller style="background-color: #3a3a3a">
    <div class="container1" style="background-image:linear-gradient(to right,#a80077,#66ff00);">
      <text class="direction">to right</text>
    </div>
    <div class="container1" style="background-image:linear-gradient(to left,#a80077,#66ff00);">
      <text class="direction">to left</text>
    </div>
```

```
        <div class="container1" style="background-image:linear-gradient(to
bottom,#a80077,#66ff00);">
            <text class="direction">to bottom</text>
        </div>
        <div class="container1" style="background-image:linear-gradient(to
top,#a80077,#66ff00);">
            <text class="direction">to top</text>
        </div>
        <div style="flex-direction: row;align-items: center;justify-content:
center">
            <div class="container2" style="background-image:linear-gradient(to
bottom right,#a80077,#66ff00);">
                <text class="direction">to bottom right</text>
            </div>
            <div class="container2" style="background-image:linear-gradient(to
top left,#a80077,#66ff00);">
                <text class="direction">to top left</text>
            </div>
        </div>
    </scroller>
</template>
<style>
    .container1 {
      margin: 10px;
      width: 730px;
      height: 200px;
      align-items: center;
      justify-content: center;
      border: solid;
      border-radius: 10px;
    }

    .container2 {
      margin: 10px;
      width: 300px;
      height: 300px;
      align-items: center;
      justify-content: center;
      border: solid;
      border-radius: 10px;
    }

    .direction {
      font-size: 40px;
      color: white;
    }
```

```
</style>
```

3.2.8 文本样式

在前端项目开发中，和文本样式相关的文本类组件是使用最多的组件之一，这类组件包括常见的<text>和<input>等。这类组件的共有属性如下。

- color {color}：指定文字颜色，此属性支持 RGB、RGBa、十六进制和色值关键字写法。
- lines {number}：指定文本行数，仅在<text>组件中有效。
- font-size {number}：指定文字大小。
- font-style {string}：指定字体类别，可选值有 normal 和 italic，默认值为 normal。
- font-weight {string}：指定字体粗细程度。
- text-decoration {string}：指定字体装饰，可选值有 none、underline 和 line-through，默认值为 none。
- text-align {string}：指定对齐方式，可选值有 left、center 和 right，默认值为 left，目前暂不支持 justify 和 justify-all。
- font-family {string}：设置字体，这个设置不保证在不同平台设备间的一致性。
- text-overflow {string}：设置内容超长时的省略样式，可选值有 clip 和 ellipsis。

除了上面介绍的属性，WEEX 还支持多种 CSS 基本样式和属性，这些样式和属性需要在平时的学习和开发中慢慢总结。

3.3 事件

在前端开发中，为了处理与用户的交互，提出了事件绑定和事件监听的概念。其中，事件就是用户或浏览器自身执行的某种动作，比如 click、load 和 mouseover 等，响应事件的函数就是事件处理函数。

3.3.1 通用事件

WEEX 提供了通过事件触发动作的能力，但这种能力又不完全等效于 JavaScript 的事件处理。除了一些通用的 JavaScript 事件，WEEX 还为移动平台单独扩展了相应的手势系统。

click 事件

click 事件是被使用得最多的响应事件之一，当组件上发生点击手势时即被触发。click 事件会涉及如下 3 个对象。
- type: click。
- target: 触发点击事件的目标组件。
- timestamp: 触发点击事件时的时间戳。

需要说明的是，<input>和<switch>组件目前暂不支持 click 事件，如果涉及点击操作，请使用 change 或 input 事件代替。

longpress 事件

如果一个组件绑定了 longpress 事件，那么当用户长按这个组件时，该事件将会被触发。longpress 事件会涉及如下 3 个对象。
- type : longpress。
- target : 触发长按事件的目标组件。
- timestamp : 触发长按事件时的时间戳。

appear 事件与 disappear 事件

在可滚动区域内，如果一个组件绑定了 appear 事件，那么当这个组件在滚动区域内为可见状态时，appear 事件将被触发。反之，当这个组件滑出屏幕变为不可见状态时，disappear 事件将会被触发。appear 事件和 disappear 事件会涉及如下 4 个对象。
- type : appear/disappear。
- target : 触发事件的组件对象。
- timestamp : 事件被触发时的时间戳。
- direction : 触发事件时屏幕的滚动方向，如 up 或 down。

page 事件

page 事件是 iOS 和 Android 特有的事件，目前暂不支持 Web 平台。page 事件最核心的功能就是借助 WEEX 提供的 viewappear 和 viewdisappear 事件，实现简单的页面状态管理。

其中，viewappear 事件会在页面执行跳转前被触发，而 viewdisappear 事件则会在页面就要关闭时被触发。例如，当调用 navigator 模块的 push()方法时，viewappear 事件就会在新页面打开的瞬间被触发。page 事件会涉及如下 3 个对象。
- type : viewappear 或 viewdisappear。
- target : 触发事件的组件对象。
- timestamp : 事件被触发时的时间戳。

与组件的 appear 事件和 disappear 事件不同，viewappear 事件和 viewdisappear 事件关注的

是整个页面的状态,所以它们必须绑定到页面的根元素上。在某些特殊的情况下,viewappear 和 viewdisappear 事件也可以绑定到非根元素的\<body\>组件上,例如\<wxc-navpage\>组件。

在 WEEX 中,与事件相关的逻辑操作通常由 JavaScript 脚本统一处理。例如,下面是一个 WEEX 通用事件的示例,该示例由模板、脚本和样式构成,核心逻辑部分由脚本统一处理。

```html
<template>
  <div>
    <div class="box" @click="onclick" @longpress="onlongpress" @appear="onappear" @disappear="ondisappear"></div>
  </div>
</template>

<script>
  export default {
methods: {
  //点击事件
    onclick (event) {
      console.log('onclick:', event)
    },
    //长按事件
    onlongpress (event) {
      console.log('onlongpress:', event)
    },
    //appear 事件
    onappear (event) {
      console.log('onappear:', event)
    },
    //disappear 事件
    ondisappear (event) {
      console.log('ondisappear:', event)
    }
  }
 }
</script>

<style scoped>
  .box {
    border-width: 2px;
    border-style: solid;
    border-color: #BBB;
    width: 250px;
    height: 250px;
    margin-top: 250px;
    margin-left: 250px;
    background-color: #EEE;
```

```
    }
</style>
```

3.3.2 事件冒泡

Web 前端开发者，对浏览器的事件冒泡机制肯定不陌生。事件冒泡，指的是当事件发生后，这个事件就会从里到外或者从外向里开始传播，之所以会传播，是因为事件源本身可能并没有处理事件的能力，即处理事件的函数并未绑定到事件源上。

为了更好地理解事件冒泡，下面以点击事件为例来说明事件冒泡的工作流程。例如，有一个嵌套<video>组件的 div 容器，当有点击事件发生在<video>组件上时，浏览器会经历两个处理阶段：捕获阶段和冒泡阶段。在 Web 开发中冒泡阶段会比较多，而捕获阶段则比较少。

在捕获阶段，浏览器会先检查当前元素的最外层父节点，如果它上面绑定有 click 事件处理器，那么执行这个处理器。然后再检查下一个元素，直到遇到要点击的元素本身。

在冒泡阶段，事件的捕捉方式则和捕获阶段相反。浏览器先检测当前被点击的元素上是否注册了点击事件处理器，如果有，则执行它，如果没有，则检测它的父元素，一步步向上检测，直到最外层的<html>元素，如图 3-15 所示。

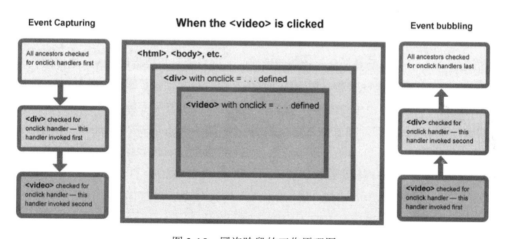

图 3-15 冒泡阶段的工作原理图

要正确捕捉和处理这些事件，需要在冒泡阶段注册处理事件，并在需要停止事件冒泡时调用事件对象的 stopPropagation()方法阻止事件继续冒泡。

通常，标准事件对象都会包含 stopPropagation()方法，当事件处理完成后会自动调用该方法来停止事件冒泡，进而终止该事件在事件冒泡链上的后续操作。

虽然，WEEX 在 0.13 版本里实现了事件冒泡机制，但是为了兼容之前的版本，事件冒泡机制默认是不开启的，需要在模板根元素上添加属性 bubble="true"才能开启事件冒泡机制，如下所示：

```
<template>
  <!-- 开启事件冒泡机制 -->
  <div bubble="true">
    ...
  </div>
</template>
```

如果需要阻止事件冒泡，则可以调用 event.stopPropagation()方法，并且该方法需要作用在具体的元素上才会起作用。stopPropagation()方法和 DOM 标准里的方法是一致的，但 event.stopPropagation()和 bubble="true"所影响的范围则不同，前者仅对当前冒泡到的元素及其祖先层级的元素有效，而对子元素无效；后者则相当于一个全局开关，开启冒泡机制后对该根元素内部所有子元素都是有效的，且两者可以同时存在，如下所示：

```
{
  handleClick (event) {
    // 阻止继续冒泡
    event.stopPropagation()
  }
}
```

3.3.3 手势

传统的 Web 开发都是基于鼠标控制而设计的，开发者只需要借助 hover 这样的状态监听接口即可很方便地控制鼠标状态。对于移动设备来说，触控代替了事件监听，WEEX 通过封装原生的触摸事件来提供手势响应，开发者只需要在节点上监听手势。

目前，WEEX 仅支持 4 种手势类型，分别是：触摸（touch）、移动（pan）、滑动（swipe）和长按（longpress）。其中，touch 和 pan 的功能非常接近，touch 可获取触摸的完整信息且比较精准，pan 则可获取抽样信息且比较快。

touch

当触摸到触摸面（屏幕）、触摸点在触摸面上移动或者从触摸面上离开时都会触发 touch 手势，触摸手势很精准，它会返回与触摸有关的所有详细事件信息。所以，监听 touch 手势通常会比较慢，因为即使用户只在屏幕上移动一丁点位置，也需要处理大量的事件。其中，touch 手势有如下几个重要的函数。

- touchstart：在触摸到触摸面时被触发。
- touchmove：触摸点在触摸面上移动时被触发。
- touchend：在从触摸面上离开时被触发。

- shouldStopPropagation：控制 touch 事件是否冒泡，以及解决事件冲突或者自定义手势。

pan

与 touch 手势类似，pan 手势也会返回触摸点在触摸面的移动信息，不过 pan 手势只会采样收集部分事件信息，因此要比 touch 事件快很多，当然它在精准性方面差于 touch。pan 手势的处理函数（如下所示）和 touch 类似，手势的意义与 touch 也类似。

- panstart：在触摸到触摸面时被触发。
- panmove：触摸点在触摸面上移动时被触发。
- panend：在从触摸面上离开时被触发。
- horizontalpan：触摸点横向移动时触发此函数。
- verticalpan：触摸点纵向移动时触发此函数。

执行 horizontalpan 或 verticalpan 手势时，手势的 start、move、end 状态保存在 state 特性中，该手势在 Android 环境下会与 click 事件发生冲突。

swipe

swipe 手势将会在用户在触摸面上滑动时被触发，且一次连续的滑动只会触发一次 swipe 手势。

longpress

longpress 是手势系统的重要组成部分，将会在触摸点连续保持 500 ms 以上时被触发。

手势系统作为移动设备最基本的特性之一，是设备处理用户操作的接口。不过，由于触发会产生大量的事件冲突，因此也带来了大量的适配问题。例如，WEEX 在 Android 环境下处理滚动类型的手势监听时就会出现大量的问题，这里的组件包括<scroller>、<list>和<webview>等。

3.4 扩展

3.4.1 HTML5 扩展

WEEX 作为一个前端跨平台解决方案，本身已经内置了很多的组件和模块，同时也具备横向扩展的能力，允许开发者自行扩展和定制组件或模块。需要注意的是，如果开发者想要扩展内置组件或模块，则需要在 Android、iOS、Web 三端中都进行相应的实现。

Vue.js 本身就是一个独立的前端框架，在浏览器中完全能够不基于 WEEX 的容器进行渲染。因此，如果只是针对 WEEX 平台扩展 Vue.js 的 Web 端组件，则可以不用考虑 Android 和

iOS 端的具体实现。目前，WEEX 官方提供了 weex-vue-render 库作为 Web 端的渲染引擎，创建 WEEX 项目时系统会默认添加该库。

下面以扩展<sidebar>为例，来说明如何在 WEEX 中扩展<web>组件。首先，创建一个 sidebar.vue 文件，并添加如下代码：

```
<template>
  <div class="sidebar">
    <slot></slot>
  </div>
</template>

<style scoped>
  .sidebar {
    /* ... */
  }
</style>

<script>
  export default {
    props: [],
    data () {
      return {}
    }
  }
</script>
```

为了在 WEEX 中使用<sidebar>组件，需要使用 weex.registerComponent()来全局注册此组件，也可以使用 Vue.component()，两者的作用是一样的，例如：

```
</script>
import Vue from 'vue'
import weex from 'weex-vue-render'
import Sidebar from './path/to/sidebar.vue'

weex.init(Vue)
//全局注册<sidebar> 组件
weex.registerComponent('sidebar', Sidebar)
```

在扩展 WEEX 组件时，如果只是简单地扩展 WEEX 提供的内置组件，并且使用的是 WEEX 支持的样式，那么和普通的自定义组件无异，不需要在原生平台中有相应的实现。如果扩展的组件是 WEEX 不支持的标签和样式，就需要在 Android 和 iOS 的原生平台中进行相应的实现。

除了通用组件，WEEX 还提供了一些通用模块，可以方便开发者调用原生的 API。和自定义组件一样，自定义 WEEX 模块需要在 Android、iOS、Web 三端中都进行相应的实现，否则会影响其正常的使用。自定义的模块要想被系统识别，需要使用 registerModule()方法进行注册，注册模块的方法格式如下：

```
registerModule(name, define, meta)
```
其中，name 表示模块名称，define 表示模块的定义，meta 表示注册到模块对象的非 iterable 的属性或方法所需要的参数。下面代码注册了一个 guide 模块：

```
weex.registerModule('guide', {
  greeting () {
    console.log('Hello, nice to meet you. I am your guide.')
  },
  farewell () {
    console.log('Goodbye, I am always at your service.')
  }
})
```

和其他模块的使用方法类似，使用模块之前需要先在 WEEX 中使用 requireModule()方法获取已注册的模块，然后才可以使用该模块，如下所示：

```
//获取模块
const guide = weex.requireModule('guide')

//直接调用模块中的方法
guide.greeting()
guide.farewell()
```

上述模块的使用方法在原生环境中依然有效，只不过模块中的方法需要由原生平台提供。

3.4.2 Android 扩展

WEEX 提供了扩展机制，开发人员可以根据业务需求定制功能。原则上，扩展 WEEX 没有的组件或模块时，需要在 Android、iOS、Web 三端中都进行相应的实现。

WEEX 的扩展主要分为组件扩展和模块扩展两种。在 Android 平台中，扩展的模块必须继承自 WXModule 模块，且方法必须加上@JSMethod 注解才能被 WEEX 调用，否则 WEEX 将无法调用其扩展方法，例如：

```
public class MyModule extends WXModule {

  @JSMethod (uiThread = true)     //JavaScript 在 UI 线程中运行
  public void printLog(String msg) {
    Toast.makeText(mWXSDKInstance.getContext(),msg,Toast.LENGTH_SHORT).show();
  }

  @JSMethod (uiThread = false)    //JavaScript 在子线程中运行
  public void fireEventSyncCall(){
    //…
  }
}
```

具体来说，WEEX 是根据反射来调用模块的扩展方法的，所以模块的扩展方法必须是 public 类型。并且，如果扩展方法要在 UI 线程中运行，则需要使用 uiThread 注解进行标识。

自定义的模块要想被 WEEX 识别，还需要在 Application 类的 onCreate()函数中注册，在 onCreate()函数中的注册语句如下所示：

```
WXSDKEngine.registerModule("MyModule", MyModule.class);
```

如果要在 JavaScript 中调用模块的扩展方法，可以使用 weex.requireModule()获取对应的模块对象，然后再调用对应的方法，如下所示：

```
<template>
  <div>
    <text onclick="click">testMyModule</text>
  </div>
</template>

<script>
module.exports = {
  methods: {
    click: function() {
      weex.requireModule('MyModule').printLog("I am a weex Module");
    }
  }
}
</script>
```

需要说明的是，由于 WEEX 是使用反射来获取模块的扩展方法的，因此在 Android 环境下进行打包时不能将模块混淆，需要在 Android 的 build.gradle 中添加如下配置：

```
-keep public class * extends com.taobao.weex.common.WXModule{*;}
```

扩展 Android 的组件时，组件必须继承自 WXComponent 类，并且需要为暴露的属性添加 @WXComponentProp 注解，为暴露的方法添加@JSMethod 注解，如下所示：

```java
public class RichText extends WXComponent<TextView> {

    @Override
    protected TextView initComponentHostView(@NonNull Context context) {
        TextView textView = new TextView(context);
        textView.setTextSize(20);
        textView.setTextColor(Color.BLACK);
        return textView;
    }

    @WXComponentProp(name = "tel")          //声明属性
    public void setTel(String telNumber) {
        getHostView().setText("tel: " + telNumber);
    }
}
```

```java
@JSMethod                        //声明方法
public void focus(){

}
}
```

与扩展模块一样，WeexSDK 通过反射来调用组件对应的方法，所以组件对应的属性方法必须是 public 类型的，并且必须在 Application 类的 onCreate()函数中注册，注册语句如下所示：

```java
WXSDKEngine.registerComponent("richText", RichText.class);
```

注册完成之后，就可以在 WEEX 中使用扩展的组件了，例如：

```html
<template>
  <div>
    <richText tel="12306" style="width:200;height:100">12306</richText>
  </div>
</template>
```

如果要使用组件的扩展方法，则需要使用 ref 获取对应的组件，例如：

```html
<template>
  <mycomponent ref='mycomponent'></mycomponent>
</template>
<script>
  module.exports = {
    created: function() {
      this.$refs.mycomponent.focus();
    }
  }
</script>
```

同时，为了防止混淆带来的错误，需要在 Android 的 build.gradle 中添加如下配置：

```
-keep public class * extends com.taobao.weex.ui.component.WXComponent{*;}
```

除此之外，WEEX 还为 Android 提供了适配器功能扩展的能力。例如，集成接口 IWXImgLoaderAdapter 中实现的 setImage()方法：

```java
public class ImageAdapter implements IWXImgLoaderAdapter {

  @Override
  public void setImage(final String url, final ImageView view,
                       WXImageQuality quality, WXImageStrategy strategy) {

    WXSDKManager.getInstance().postOnUiThread(new Runnable() {

      @Override
      public void run() {
        if(view==null||view.getLayoutParams()==null){
          return;
        }
        if (TextUtils.isEmpty(url)) {
```

```
        view.setImageBitmap(null);
        return;
      }
      String temp = url;
      if (url.startsWith("//")) {
        temp = "http:" + url;
      }
      Picasso.with(WXEnvironment.getApplication())
          .load(temp)
          .into(view);
    }
  },0);
  }
}
```

3.4.3 iOS 扩展

使用 WEEX 进行跨平台开发时，可以使用默认的组件和模块，这些组件和模块可以满足大部分的开发需求。如果需要使用一些 WEEX 没有提供的功能，则可以通过扩展自定义插件来实现，这些自定义插件包括组件、模块和适配器等。

对于 WEEX 来说，扩展 iOS 的原生功能需要遵循 WXModuleProtocol 协议，并且扩展的函数需要使用宏 WX_EXPORT_METHOD 修饰，以便 JavaScript 调用这个暴露的方法。最后，为了让 WEEX 的 JavaScript 层能够正常调用自定义的模块，还需要在 WeexSDK 初始化的地方注册自定义的模块。

例如，下面的示例演示了如何扩展 iOS 的原生模块。首先，新建一个继承自 NSObject 的 WXCustomEventModule 类，该类遵循 WXModuleProtocol 协议：

```
#import <Foundation/Foundation.h>
#import <WeexSDK/WeexSDK.h>

@interface WXCustomEventModule : NSObject<WXModuleProtocol>

@end
```

然后，在 WXCustomEventModule.m 类中添加一个打印日志的函数，并通过宏 WX_EXPORT_METHOD 暴露给 JavaScript：

```
#import "WXCustomEventModule.h"

@implementation WXCustomEventModule

WX_EXPORT_METHOD(@selector(showParam:))

-(void)showParam:(NSString*)inputParam{
    if (!inputParam) {
```

```
        return;
    }
    NSLog(@"%@", inputParam);
}

@end
```

接下来，还需要在 WeexSDKManager.m 中注册扩展的模块，注册语句放在 initSDKEnvironment 后面，如下所示：

```
#import "WXCustomEventModule.h"

[WXSDKEngine initSDKEnvironment];
[WXSDKEngine registerModule:@"event" withClass:[WXCustomEventModule class]];
```

至此，扩展 iOS 的模块就算完成了。如果要在 JavaScript 端调用自定义的模块，则需要先使用 requireModule()方法获取模块对象，然后再调用其方法：

```
weex.requireModule("event").showParams("hello Weex)
```

扩展 iOS 的原生模块时，如果 JavaScript 层想要获取原生模块的返回值，则可以使用 WEEX 提供的回调函数 WXModuleKeepAliveCallback，回调的参数可以是 string 或 map 等基本类型。除了支持扩展模块，WEEX 还支持扩展 iOS 的原生组件。扩展组件时，组件需要继承自 WXComponent 基类。同时，扩展的组件还需要覆盖组件的某些生命周期函数，这些生命周期函数如表 3-4 所示。

表 3-4　iOS 组件的生命周期函数表

函数名	描述
initWithRef	使用给定的属性初始化一个组件
layoutDidFinish	在组件完成布局时调用
loadView	创建管理组件的视图
viewWillLoad	在组件的视图加载之前调用
viewDidLoad	在组件的视图加载完之后调用
viewWillUnload	在组件的视图被释放之前调用
viewDidUnload	在组件的视图被释放之后调用
updateStyles	在组件的样式更新时调用
updateAttributes	在组件的属性更新时调用
addEvent	给组件添加事件时调用
removeEvent	在移除事件时调用

例如，下面以扩展 iOS 系统自带的 MKMapViewDelegate 为例。首先，创建一个继承自 WXComponent 的类，例如：

```
@interface WXMapComponent : WXComponent<MKMapViewDelegate>
```

如果要添加自定义功能，则需要重写组件的生命周期函数。此处，需要重写 loadView 和 viewDidLoad 两个生命周期函数。其中，loadView 提供自定义的视图，viewDidLoad 则用于在视图被加载完成后做一些自定义配置，如下所示：

```
#import <UIKit/UIKit.h>
#import "WXMapComponent.h"
#import <MapKit/MapKit.h>

@implementation WXMapComponent

- (UIView *)loadView{
    return [MKMapView new];
}

- (void)viewDidLoad{
    ((MKMapView*)self.view).delegate=self;
}

@end
```

想要在 WEEX 的 JavaScript 端使用自定义的组件，还需要在 WeexSDKManager.m 文件中进行注册，例如：

```
[WXSDKEngine registerComponent:@"map" withClass:[WXMapComponent class]];
```

接下来，就可以在前端页面中直接使用<map>标签了：

```
<template>
    <div>
        <map style="width:200px;height:200px"></map>
    </div>
</template>
```

如果要添加自定义事件和自定义属性支持，WEEX 也是可以做到的。除此之外，WeexSDK 也支持在 JavaScript 中直接调用组件的方法，调用的方法需要使用宏 WX_EXPORT_METHOD 标识。

当然，WEEX 还支持适配器扩展。例如，WeexSDK 目前还没有提供图片下载的功能，而 WXImgLoaderProtocol 恰好定义了一些获取图片的接口，那么可以通过扩展 WXImgLoaderProtocol 来实现图片的下载和展示。

首先，新建一个基类为 NSObject 的类，用来实现 WXImgLoaderProtocol 协议，然后重写 WXImgLoaderProtocol 的 downloadImageWithURL 方法即可实现图片的下载功能：

```
- (id<WXImageOperationProtocol>)downloadImageWithURL:(NSString *)url imageFrame:(CGRect)imageFrame userInfo:(NSDictionary *)options completed:(void (^)(UIImage *, NSError *, BOOL))completedBlock{
```

```
    //判断url是否合法
    if ([url hasPrefix:@"//"]) {
        url = [@"http:" stringByAppendingString:url];
    }

//使用SDWebimage库中的方法获取并加载图片
    return (id<WXImageOperationProtocol>)[[SDWebImageManager sharedManager]
downloadImageWithURL:[NSURL URLWithString:url] options:0 progress:^(NSInteger
receivedSize, NSInteger expectedSize) {
    } completed:^(UIImage *image, NSError *error, SDImageCacheType
cacheType, BOOL finished, NSURL *imageURL) {
        if (completedBlock) {
            completedBlock(image, error, finished);
        }
    }];
}
```

其中，downloadImageWithURL()就是自定义的用于图片下载和展示的函数，由于在加载图片时需要使用到 SDWebImage 库，所以请确保已经添加了 SDWebImage 库的依赖。此外，还需要在 WXSDKEngine.m 文件中的 initWeexSDK()函数中注册适配器后才能被系统识别，注册适配器的方式如下：

```
[WXSDKEngine registerHandler:[WXImgLoaderDefaultImpl new] withProtocol:
@protocol(WXImgLoaderProtocol)]
```

接下来，就可以在其他模块或者组件中使用自定义的适配器了，示例如下：

```
id<WXImgLoaderProtocol> imageLoader = [WXSDKEngine handlerForProtocol:
@protocol(WXImgLoaderProtocol)];

//使用imageLoader加载图片
[iamgeLoader downloadImageWithURL:imageURl imageFrame:frame userInfo:customParam
completed:^(UIImage *image, NSError *error, BOOL finished){
}];
```

需要说明的是，WEEX 中所有暴露给 JavaScript 的内置模块或组件都是安全且可控的，它们不会访问系统的私有 API，也不会做任何运行时的 hack（代码植入），更不会去改变代码原有的功能定位。

所以，当我们扩展自定义的模块或组件时，一定不要将系统的运行时暴露给 JavaScript，也不要将诸如 dlopen()、dlsym()等动态方法和不可控的方法暴露给 JavaScript，更不要将系统的私有 API 暴露给 JavaScript。

3.4.4　iOS 扩展兼容 Swift

很多时候，iOS 原生工程并不会单纯地使用某一种语言进行开发，而是会混合使用 Swift

和 OC（Objective-C）进行开发。因为模块的暴露方法是通过 OC 的宏来实现的，所以如果使用 Swift 来扩展 iOS 的原生模块，则需要借助 OC 来实现。

下面的示例便演示了如何在 Swift 和 OC 混合开发的工程中使用 Swift 来扩展原有功能。首先，新建 WXSwiftTestModule.h/m 和 WXSwiftTestModule.swift 这两个文件，在新建 Swift 文件时系统会弹出如图 3-16 所示的提示，此时选择【Create Bridging Header】即可。

图 3-16　新建 Swift 文件时系统弹出的提示

其中，WXSwiftTestModule.h 文件的源码如下：

```
#import <Foundation/Foundation.h>
#import <WeexSDK/WeexSDK.h>

@interface WXSwiftTestModule : NSObject <WXModuleProtocol>

@end
```

要想在 JavaScript 端调用 OC 的函数，则需要使用宏 WX_EXPORT_METHOD 标识要调用的函数。WXSwiftTestModule.m 文件的源码如下：

```
#import "WXSwiftTestModule.h"

@implementation WXSwiftTestModule
#pragma clang diagnostic push
#pragma clang diagnostic ignored "-Wundeclared-selector"

WX_EXPORT_METHOD(@selector(printSome:callback:))

#pragma clang diagnostic pop
@end
```

在使用 Swift 和 OC 混合开发的 iOS 工程中，如果要使用 Swift 访问 OC 的某个类，则需要使用 Header 文件将 OC 的类暴露给 Swift，Header 文件的命名格式为 Target-Bridging-Header.h。此处创建的 Header 文件名称为 WeexDemo-Bridging-Header.h，并在文件中添加如下代码：

```
#import "WXSwiftTestModule.h"
#import "WeexSDK/WeexSDK.h"
```

然后在 WXSwiftTestModule.swift 文件中增加一个方法，这个方法就是暴露给 JavaScript 调用的方法，如下所示：

```
import Foundation
```

```
public extension WXSwiftTestModule {
    public func printSome(someThing:String, callback:WXModuleCallback) {
        print(someThing)
        callback(someThing)
    }
}
```

要想在 JavaScript 中调用 Swift 暴露的方法，还需要在 WXSDKEngine.m 文件的 initWeexSDK 函数中注册自定义的模块，如下所示：

```
[WXSDKEngine registerModule:@"swifter" withClass:[WXSwiftTestModule class]];
```

至此，在 Swift 和 OC 混合开发的 iOS 工程中使用 Swift 扩展模块的部分已经完成，接下来就可以在 WEEX 的 JavaScript 层中使用扩展的模块了：

```
<template>
    <text>Swift Module</text>
</template>

<script>
  module.exports = {
    ready: function() {
      var swifter = weex.require('swifter');
      swifter.printSome("https://www.taobao.com",function(param){
        nativeLog(param);
      });
    }

  };
</script>
```

3.5 本章小结

在使用 WEEX 进行跨平台开发的过程中，与开发者交互最多的就是页面级别的开发。模版、样式和脚本构成了最基本的 WEEX 页面。其中，模板是必选的，样式和脚本都是可选的。

本章主要从宏观的角度来对 WEEX 开发中的基本概念和基础知识进行简单的介绍，然后从 Web、Android 和 iOS 的角度介绍如何扩展组件和模块。本章是 WEEX 开发的基础篇，为后面的学习打下理论基础。

第 4 章 组件与模块

4.1 内置组件

在 Web 前端开发中，开发者可以使用 HTML 标签（组件）来快速构建页面。而在 WEEX 页面开发中同样也可以使用这些 HTML 标签，包括<div>、<image>、<cell>、<text>和<web>等。

4.1.1 <div>组件

和 HTML 的<div>标签是一个容器组件一样，WEEX 中的<div>标签也是一个容器组件，主要用来包裹其他的功能组件，它支持所有的通用样式、特性和弹性布局。在 WEEX 开发中使用<div>组件时应当注意，在<div>组件里面不能直接添加文本字符串，如果需要展示文本内容，则可以使用<text>组件，如下所示：

```
<template>
  <div>
    <text class="text">Hello World!</text>
  </div>
</template>

<style>
.text {
  font-size: 70px;
  color: #ff0000
}
</style>

<script></script>
```

同时，使用<div>组件嵌套其他组件时层级不可过深，否则容易引起性能和渲染问题，建议控制在 10 层以内。

<div>组件作为最基本的容器组件之一，支持包括<div>在内的任何组件作为自己的子组件，并且任何功能性组件都需要使用<div>组件进行包裹。同时，<div>组件支持所有的通用样式和通用事件。<div>作为一个容器组件，使用时应该注意以下两点。

- 不能直接在<div>中添加文本。
- <div>不支持自动添加滚动功能，即使视图已经超过了屏幕的高度。

例如，下面的写法是错误的，因为<div>不支持自动添加滚动功能。如果需要让视图滚动，则可以使用<scroller>组件对其进行包裹。

```html
<template>
  <div style="width: 750px;height: 3000px">
    <div style="width: 750px;height: 300px;">
      <text>div1</text>
    </div>
    <div style="width: 750px;height: 300px;">
      <text>div2</text>
    </div>
    <div style="width: 750px;height: 300px;">
      <text>div3</text>
    </div>
    <div style="width: 750px;height: 300px;">
      <text>div4</text>
    </div>
    <div style="width: 750px;height: 300px;">
      <text>div5</text>
    </div>
    <div style="width: 750px;height: 300px;">
      <text>div6</text>
    </div>
    <div style="width: 750px;height: 300px;">
      <text>div7</text>
    </div>
    <div style="width: 750px;height: 300px;">
      <text>div8</text>
    </div>
    <div style="width: 750px;height: 300px;">
      <text>div9</text>
    </div>
    <div style="width: 750px;height: 300px;">
      <text>div10</text>
    </div>
  </div>
</template>
```

4.1.2 <scroller>组件

和<div>一样，<scroller>也是一个容器组件，因此它可以包含多个子组件，也可以作为其他容器组件的子组件来使用。如果子组件的总高度高于<scroller>本身的高度，那么所有的子组件都可以滚动。

除了支持任意类型的 WEEX 组件作为其子组件，<scroller>还支持两种特殊的组件作为其子组件：<refresh>和<loading>。其中，<refresh>用于实现列表的下拉刷新功能，<loading>用于实现列表的上拉加载功能。

和其他 WEEX 组件一样，<scroller>也提供了很多有用的函数和 API，方便开发者快速调用：

- show-scrollbar {boolean}：控制是否出现滚动条，默认值为 true。
- scroll-direction {string}：定义滚动的方向，可选值为 horizontal 和 vertical，默认值为 vertical。
- loadmoreoffset {number}：触发 loadmore 事件所需要的垂直方向的偏移距离，默认值为 0。当页面的滚动条滚动到足够接近页面底部时将会触发 loadmore 事件。
- offset-accuracy {number}：控制 onscroll 事件触发的频率，默认值为 10，表示两次 onscroll 事件之间列表至少滚动了 10px。
- scrollToElement(node, options)：滚动到列表的某个指定项。
- resetLoadmore()：默认情况下，在滚动过程中触发 loadmore 事件后，如果列表中的内容没有发生变更，则下一次滚动到列表末尾时不会再次触发 loadmore 事件，但是可以通过调用 resetLoadmore()方法来打破这一限制，强制触发 loadmore 事件。

当子组件的总高度高于<scroller>设定的高度时，子组件就可以在<scroller>中滚动，下面是一个<scroller>组件的使用示例：

```
<template>
  <scroller>
    <div repeat="{{list}}">
      <text>"row":${{data}}</text>
    </div>
  </scroller>
</template>

<script>
  module.exports= {
    data: {
      list:[
          {data: 1},
          {data: 2},
```

```
                {data: 3},
                {data: 4}
                    // ...
            ]
        },
    }
</script>
```

4.1.3 <refresh>组件

<refresh>用于提供下拉刷新功能，用法和属性与<loading>类似，它可以被嵌套在<scroller>、<list>、<hlist>、<vlist>和<waterfall>等容器组件内部用以实现下拉刷新功能，并且只有被这些容器组件包裹时才能被正确渲染，如下所示：

```
<list>
  <refresh>
  ...
  </refresh>
  ...
</list>
```

<refresh>也是一个容器组件，因此它可以包裹<text>、<image>之类的功能组件。比如，要实现加载动画效果，可以将<loading-indicator>组件放到<refresh>中，并且<loading-indicator>组件只能作为<refresh>和<loading>的子组件使用，如下所示：

```
<refresh>
  <text>Refreshing</text>
  <loading-indicator></loading-indicator>
  ...
</refresh>
```

需要说明的是，使用<loading-indicator>来加载动画往往是比较简单的，如果要实现复杂的加载动画效果，可以直接使用第三方库或 WEEX 的 BindingX 动画框架完成。

<refresh>组件提供了很多实用的属性和函数，比较常见的有 display、refresh 和 pullingdown。其中，display 主要用于控制动画的显示与隐藏，且 display 的设置必须成对出现，即如果有 display="show"，就必须有对应的 display="hide"，如下所示：

```
<template>
  <list>
    <refresh @refresh="onrefresh" :display="refreshing ? 'show' : 'hide'">
      ...
    </refresh>
    ...
  </list>
</template>
```

```
<script>
  ...
  methods: {
    onrefresh (event) {
      …
    },
  }
</script>
```

当<refresh>执行下拉刷新操作时,会触发 refresh 事件和 pullingdown 事件。相比 refresh 事件来说,pullingdown 事件可以从 event 参数中获取 dy、pullingDistance、viewHeight 和 type 的相关信息。

- dy:前后两次回调滑动距离的差值。
- pullingDistance:获取下拉的距离。
- viewHeight:<refresh>组件的高度。
- type:pullingdown 事件的常数字符串。

在项目开发中,出于不同的目的, refresh 事件和 pullingdown 事件通常会配合使用,如下所示:

```
<scroller>
  <refresh @refresh="onrefresh" @pullingdown="onpullingdown">
    ...
  </refresh>
  ...
</scroller>

<script>
  export default {
    methods: {
      onrefresh (event) {
        ...
      },
      onpullingdown (event) {
        console.log("dy: " + event.dy)
        console.log("pullingDistance: " + event.pullingDistance)
        console.log("viewHeight: " + event.viewHeight)
        console.log("type: " + type)
      }
    }
  }
</script>
```

4.1.4 <loading>组件

<loading>组件主要用于实现上拉加载更多功能,用法与<refresh>组件类似。<loading>组件

通常需要作为<scroller>、<list>、<hlist>、<vlist>和<waterfall>的子组件使用才能被正确渲染，格式如下：

```
<list>
  ...
  <loading>
    ...
  </loading>
</list>
```

和<refresh>组件类似，<text>和<image>之类的 WEEX 组件都可以被放到<loading>组件内部进行渲染，并且<loading>组件也支持包裹<loading-indicator>子组件来实现简单的加载动画效果，如下所示：

```
<loading>
  <text>Loading</text>
  <loading-indicator></loading-indicator>
  ...
</loading>
```

如下所示，和<refresh>组件的 display 属性类似，<loading>组件的 display 属性也是成对出现的，display 属性可以用于控制动画的显示与隐藏。

```
<template>
  <list>
    ...
    <loading @loading="onloading" :display="loadinging ? 'show' : 'hide'">
      ...
    </loading>
    ...
  </list>
</template>

<script>
...
methods: {
  onloading (event) {
    this.loadinging = true
    setTimeout(() => {
      this.loadinging = false
    }, 2000)
  },
}
</script>
```

4.1.5 <list>组件

<list>组件又名列表组件，主要用于在垂直和水平方向上展示长列表，它可以包含<refresh>、

<loading>和<cell>等组件，可以实现平滑的滚动效果，拥有高效的内存管理能力。之所以拥有如此高效的内存管理能力，是因为<list>在 Android 平台上使用的是 RecyclerView 组件，在 iOS 平台上使用的是 UITableView 组件，它们本身就具有回收和复用的能力，因而可以大幅提高页面的性能。

和原生平台的列表组件一样，<list>组件也可以将<refresh>、<loading>、<cell>和<header>等作为其子组件。

其中，<cell>用于定义列表中的子列表项，WEEX 会对<cell>进行高效的内存回收以达到更好的性能。<header>用于定义列表到达屏幕顶部时吸附在屏幕顶部。<refresh>用于给列表添加下拉刷新功能。<loading>则用于给列表添加上拉加载更多的动画加载效果，用法和<refresh>类似。

需要说明的是，<list>的子组件只能是上面提到的 4 种组件或是具有绝对定位能力的组件，其他组件如果被包裹在<list>中将有可能出现无法被渲染的情况。和其他组件类似，<list>支持所有的通用样式，并且具有自己独有的属性和函数：

- show-scrollbar {boolean}：控制是否出现滚动条，默认值为 true。
- loadmoreoffset {number}：触发 loadmore 事件所需要的垂直方向上的偏移距离，默认值为 0。
- offset-accuracy {number}：控制 onscroll 事件触发的频率，默认值为 10，即触发 onscroll 事件需要滚动至少 10px。
- pagingEnabled {boolean}：控制是否每次都要滚动一个 cell 位置，并最终定位在元素中心位置，默认值为 false。
- loadmore()：列表滚动到底部就会立即触发这个事件，可以在此事件中加载添加处理下一页的操作。
- scroll()：列表发生滚动时将会触发该事件，事件的默认抽样率为 10px，即列表每滚动 10px 就会触发一次该事件，可以通过修改 offset-accuracy 属性来设置抽样率。
- scrollToElement(node, options)：滚动到列表的某个指定 cell 项。
- resetLoadmore()：默认情况下，触发 loadmore 事件后，如果列表中的内容没有发生变更，则下一次滚动到列表末尾将不会再触发 loadmore 事件，但是可以通过调用 resetLoadmore()方法来打破这一限制，强制触发 loadmore 事件。

对比<scroller>和<list>可以发现，它们的核心属性和方法几乎是一样的，这是因为<list>也是<scroller>的一种实现。

在移动应用开发中，经常会碰到需要处理下拉刷新和上拉加载更多的情况。在 WEEX 开发中，借助<refresh>、<loading>及<list>可以很方便地实现下拉刷新和上拉加载更多的开发需求，运行效果如图 4-1 所示。

图 4-1 实现下拉刷新和上拉加载更多功能的运行效果

下面是实现下拉刷新和上拉加载更多功能的示例代码:

```html
<template>
    <div>
        <list :class="['main-list']" offset-accuracy="300" loadmoreoffset="300">
            <refresh class="loading" @refresh="onrefresh" :display="refreshing ? 'show' : 'hide'">
                <wxc-part-loading :show="isShow"></wxc-part-loading>
                <text class="indicator-text">正在刷新数据...</text>
            </refresh>
            <cell v-for="(num,index) in lists" :key="index">
                <div class="panel">
                    <text class="text">{{num}}</text>
                </div>
            </cell>
            <loading class="loading" @loading="onloading" :display="loadinging ? 'show' : 'hide'">
                <wxc-part-loading :show="isShow"></wxc-part-loading>
                <text class="indicator-text">正在加载中...</text>
            </loading>
        </list>
    </div>
</template>
```

```
<script>
    var modal = weex.requireModule("modal");
    import { WxcPartLoading } from "weex-ui";
    export default {
        name: "announcement",
        components: {WxcPartLoading },
        data() {
            return {
                isShow: true,
                refreshing: false,
                loadinging: false,
                lists: [1, 2, 3, 4, 5]
            };
        },
        methods: {
            onrefresh(event) {
                modal.toast({
                    message: "refresh",
                    duration: 1
                });
                this.refreshing = true;
                setTimeout(() => {
                    this.lists = [1, 2, 3, 4, 5];
                    this.refreshing = false;
                }, 2000);
            },
            onloading(event) {
                modal.toast({ message: "Loading", duration: 1 });
                this.loadinging = true;
                setTimeout(() => {
                    this.loadinging = false;
                    const length = this.lists.length;
                    for (let i = length; i < length + 10; i++) {
                        this.lists.push(i + 1);
                    }
                }, 2000);
            }
        }
    };
</script>
<style scoped>
    .main-list {
        position: fixed;
        top: 20px;
        bottom: 1px;
        left: 0;
```

```
            right: 0;
        }
        .loading {
            flex-direction: row;
            margin-top: 20px;
            margin-bottom: 20px;
            justify-content: center;
        }
        .indicator-text {
            color: #52a3d8;
            font-size: 24px;
            text-align: center;
        }
        .panel {
            width: 600px;
            height: 250px;
            flex-direction: column;
            justify-content: center;
            border-width: 2px;
            border-style: solid;
            border-color: #dddddd;
            background-color: #ffffff;
        }
        .text {
            font-size: 50px;
            text-align: center;
            color: #41b883;
        }
</style>
```

作为一个列表组件，在使用<list>的过程中需要注意以下几点。

- 不允许在相同方向上同时使用<list>和<scroller>进行互相嵌套，但允许<list>和<scroller>在不同的方向上进行互相嵌套。也就是说，不允许一个垂直方向的<list>嵌套一个垂直方向的<scroller>，但是一个垂直方向的<list>可以嵌套一个水平方向的<list>或者<scroller>。
- <list>为根节点时无须再设置高度，前提是内嵌的<list>高度必须是可计算的。即可以通过 flex 或 position 将<list>设置为响应式高度，或者显式设置<list>组件的 height 样式。

4.1.6 <recycle-list>组件

<recycle-list>是 WEEX 提供的一个列表容器组件，可以认为是<list>的升级版本。与<list>一样，<recycle-list>也具有回收和复用视图的能力，从而大幅优化内存占用和渲染性能。作为一个经过优化的列表组件，<recycle-list>的部分功能依赖于编译环境，所以请确保 weex-loader 已经升级到对应版本。

同时，<recycle-list>只能使用<cell-slot>作为其直接子节点，使用其他节点是无效的。如果

使用<list>来实现列表效果,则原有的<list>和<cell>组件的功能不受影响。在使用<recycle-list>实现列表功能时会用到两个重要属性:for 属性和 switch 属性。

其中,for 属性用于处理循环展开列表的数据,语法和 Vue.js 的 v-for 指令类似,但是它循环的是自己内部的子节点而不是当前节点。switch 属性则用来指定数据中用于区分子模板类型的字段名,语义和编程语言里的 switch 分支语句是一致的,且需要配合<cell-slot>中的 case default 属性一起使用。for 属性支持两种写法:alias in expression 和(alias, index) in expression,如下所示:

```
<recycle-list for="(item, i) in longList" switch="type">
  <cell-slot case="A">
    <text>- A {{i}} -</text>
  </cell-slot>
  <cell-slot case="B">
    <text>- B {{i}} -</text>
  </cell-slot>
</recycle-list>
//数据源
const longList = [
  { type: 'A' },
  { type: 'B' },
  { type: 'B' },
  { type: 'A' },
  { type: 'B' }
]
```

对于上面的例子来说,其输出效果等价于如下节点:

```
<text>- A 0 -</text>
<text>- B 1 -</text>
<text>- B 2 -</text>
<text>- A 3 -</text>
<text>- B 4 -</text>
```

如果将子组件视为一个模板,还可以省略 switch 和 case 属性,则上面的例子等价于下面的代码:

```
<recycle-list for="(item, i) in longList">
  <cell-slot>
    <text>- {{item.type}} {{i}} -</text>
  </cell-slot>
</recycle-list>
```

<cell-slot>代表列表每一项的模板,其作用等价于<list>的<cell>,它只用来描述模板的结构,没有实际的节点对应。<cell-slot>的个数表示模板的种类数,真实列表项的个数则由数据的结构决定。<cell-slot>使用得最多的属性有 case、default 和 key。

其中,case 属性用于匹配合适的模板,只有与当前类型匹配时视图才会被渲染,一旦匹配成功就不再继续匹配。default 属性用于指定默认的模板类型,如果数据项没有匹配到任何 case 类型,则渲染带有 default 属性的模板,如果存在多个默认模板,则使用第一个默认模板。key 属性主要用于指定列表数据中可以作为唯一标识的键值,用来优化渲染性能。

在<recycle-list>中使用的子组件还可以被视为模板，模板可以在<recycle-list>中继续使用，只需要给<template>标签添加 recyclable 属性即可。事实上，recyclable 属性的使用并不会影响组件本身的功能，并且它修饰的<recycle-list>还可以用在其他组件中，如下所示：

```
<template recyclable>
  <div>
    <text>...</text>
  </div>
</template>
<script>
  // ...
</script>
```

作为一个升级版的列表组件，使用<recycle-list>时需要注意以下几点。

属性和文本的绑定

在<recycle-list>中，给模板绑定属性或者文本时，目前仅支持使用表达式，不支持函数调用，也不支持使用 filter。因为模板的取值是由客户端实现的，而函数的定义在 JavaScript 端，如果每次取值都通信一次的话，会大幅降低客户端的渲染性能。所以，下面的写法是错误的：

```
<div :prop="capitalize(card.title)">
  <text>{{ card.title | capitalize }}</text>
</div>
```

在模板内使用表达式的初衷是为了简化运算，但是如果表达式过长，则有可能让模板变得臃肿且难以维护。针对这种场景，可以使用 Vue.js 的计算属性来实现：

```
<div id="example">
  {{ message.split('').reverse().join('') }}
</div>
```

上面的表达式包含 3 个操作，并不是很清晰，当遇到复杂的逻辑时就会变得难以维护，此时可以使用 Vue.js 的计算属性（computed）来优化程序逻辑，如下所示：

```
<div id="example">
  <p>Original message: "{{ message }}"</p>
  <p>Computed reversed message: "{{ reversedMessage }}"</p>
</div>
var vm = new Vue({
  el: '#example',
  data: {
    message: 'Hello'
  },
  computed: {
    //计算属性的 getter
    reversedMessage: function () {
      // this 指向 vm 实例
      return this.message.split('').reverse().join('')
```

```
      }
    }
})
```

<cell-slot>与<slot>的冲突

<cell-slot>的功能和<slot>有部分重叠，所以为了避免冲突，不要在<cell-slot>及其子组件里使用<slot>。

v-once 缺陷

和前端框架中的实现不同，客户端要实现复用的逻辑就需要标记模板节点的状态，添加 v-once 能保证节点只渲染一次，但并不一定能优化渲染性能，反而可能会降低客户端复用节点时的比对效率。

不支持操作虚拟 DOM

在使用<recycle-list>的过程中，由于组件没有提供虚拟 DOM 的相关功能，所以在开发过程中应尽量只处理数据，不要操作生成后的节点。由于不支持虚拟 DOM，因而下面的属性也不再有意义，请不要在<recycle-list>中使用。

- vm.$el
- vm.$refs.xxx
- vm.$vnode
- vm.#slots
- vm.#scopedSlots

其次，由于子组件的属性值需要在前端和客户端之间传递，而传递过程中仅支持可序列化的值，所以传递的类型可以是对象、数组、字符串、数字、布尔值等，但不能是函数。

生命周期的差异

由于在列表的渲染过程中存在回收及复用机制，并且节点渲染与用户的滚动行为有关，因此<recycle-list>组件的生命周期行为也与其他组件不一样。具体来说，由于涉及列表视图的回收和复用，列表的节点并不会被立即渲染，因此只有当列表即将滚动到可视区域以及可滚动的安全区域内时才开始渲染。

举个例子，假设有 100 条数据，每条数据对应一个组件，每屏展示 8 条数据节点。那么当首屏数据展示出来时，就只有前 8 个组件被创建，且只有前 8 个组件的生命周期会被触发。

除此之外，<recycle-list>也支持自定义事件，不过该功能目前还处于开发阶段，vm.$on、vm.$once、vm.$emit 和 vm.$off 等功能还未完全调通，但接口可用，鉴于此，不建议使用自定义事件。

4.1.7 \<video\>组件

\<video\>组件是 WEEX 提供的多媒体视频播放组件,可以方便开发者在 WEEX 页面中嵌入视频内容,\<text\>是\<video\>唯一合法的子组件。\<video\>具有如下一些属性。

- src {string}:内嵌的视频指向的 URL。
- play-status {string}:控制视频的播放状态,可选值有 play 和 pause,默认值是 pause。
- auto-play {boolean}:当页面初始化完成后,用来控制视频是否需要立即播放,默认值为 false。

同时,\<video\>提供了多个状态函数,通过监听状态函数可以很方便地操作视频流。

- start:当 playback 的状态是 Playing 时被触发。
- pause:当 playback 的状态是 Paused 时被触发。
- finish:当 playback 的状态是 Finished 时被触发。
- fail:当 playback 的状态是 Failed 时被触发。

借助\<video\>组件提供的事件监听函数,开发者可以轻松获取视频文件的播放状态。如图 4-2 所示,是使用\<video\>组件播放网络视频的例子。

图 4-2 使用\<video\>组件播放网络视频

<video>组件的示例代码如下：

```html
<template>
    <div>
        <video class="video" :src="src" autoplay controls
            @start="onstart"    @pause="onpause"    @finish="onfinish"
@fail="onfail"></video>
        <text class="info">state: {{state}}</text>
    </div>
</template>

<style scoped>
    .video {
        width: 750px;
        height: 420px;
    }
    .info {
        margin-top: 40px;
        font-size: 40px;
        text-align: center;
    }
</style>

<script>
    export default {
        data () {
            return {
                state: '----',
                src:' '   //视频地址
            }
        },
        methods:{
            onstart (event) {
                this.state = 'onstart'
            },
            onpause (event) {
                this.state = 'onpause'
            },
            onfinish (event) {
                this.state = 'onfinish'
            },
            onfail (event) {
                this.state = 'onfinish'
            }
        }
```

```
    }
</script>
```

4.1.8 <web>组件

<web>是 WEEX 提供的用于加载、显示网页的组件，网页的显示内容由 src 属性决定。作为一个纯功能性组件，<web>不支持任何子组件的嵌套，且必须为<web>的样式属性指定具体的 width 和 height，否则<web>所指定的样式将不会显示出来。

当然，还可以使用 WebView 模块来控制 Web 视图的具体行为，WebView 模块提供了一系列<web>组件的操作接口，例如回退、前进和重新加载等。需要说明的是，WebView 操作接口一般需要与<web>组件一起使用。

通过监听不同的事件函数，开发者可以轻松操作 Web 页面。不过，与其他通用组件不同，WEEX 目前只支持公共事件中的 appear 和 disappear 事件。除此之外，<web>组件还支持如下特有事件。

- pagestart：在 Web 页面开始加载时被调用。
- pagefinish：在 Web 页面完成加载时被调用。
- error：在 Web 页面加载失败时被调用。
- receivedtitle：在 Web 页面的标题发生改变时被调用，不过目前仅限于 Android 平台使用。

如下所示，为了方便处理<web>产生的事件，可以给<web>绑定相关的事件函数，然后通过添加适配器来处理具体的事件。

```
<web @pagestart="onPageStart" @pagefinish="onPageFinish" @error="onError"
src="https://vuejs.org"></web>

//处理函数
export default {
  methods: {
    onPageStart (event) {
      // 开始加载网页
    },
    onPageFinish (event) {
      //加载成功
    },
    onError (event) {
      //加载失败
    },
  }
```

```
    }
```

<web>组件支持所有的通用样式,不过在使用时应注意以下几点。

- 必须为<web>组件指定具体的 width 和 height 样式,否则无法显示。
- <web>组件不能包含任何嵌套的子组件。
- 可以使用 WebView 模块来控制<web>组件。

下面是一个使用<web>组件加载 Vue.js 中文网站的示例,详细介绍了<web>的常用事件函数和 WebView 模块的操作接口。示例的代码如下:

```
<template>
    <div class="wrapper">
        <web ref="webview" style="width: 730px; height: 500px" src="https://cn.vuejs.org/"
          @pagestart="onPageStart" @pagefinish="onPageFinish" @error="onError" @receivedtitle="onReceivedTitle"></web>
        <div class="row" style="padding-top: 10px">
            <text class="button" :class="[canGoBack ? 'button-enabled' : 'button-disabled']" @click="goBack">←</text>
            <text class="button" :class="[canGoForward ? 'button-enabled' : 'button-disabled']" @click="goForward">→</text>
            <text class="button" @click="reload">reload</text>
        </div>
        <text test-id='pagestart'>pagestart: {{pagestart}}</text>
        <text test-id='pagefinish'>pagefinish: {{pagefinish}}</text>
        <text test-id='title'>title: {{title}}</text>
        <text test-id='error'>error: {{error}}</text>
    </div>
</template>

<style scoped>
    .wrapper {
        flex-direction: column;
        padding: 10px;
    }
    .row {
        flex-direction: row;
        justify-content: space-between
    }
    .button {
        …
    }
</style>

<script>
```

```js
module.exports = {
    data: {
        pagestart: '',
        pagefinish: '',
        title: '',
        error: '',
        canGoBack: false,
        canGoForward: false,
    },
    methods: {
        goBack: function() {
            var webview = weex.requireModule('webview');
            webview.goBack(this.$refs.webview);
        },
        goForward: function() {
            var webview = weex.requireModule('webview');
            webview.goForward(this.$refs.webview);
        },
        reload: function() {
            var webview = weex.requireModule('webview');
            webview.reload(this.$refs.webview);
        },
        onPageStart: function(e) {
            this.pagestart = e.url;
        },
        onPageFinish: function(e) {
            this.pagefinish = e.url;
            this.canGoBack = e.canGoBack;
            this.canGoForward = e.canGoForward;
            if (e.title) {
                this.title = e.title;
            }
        },
        onError: function(e) {
            this.error = url;
        },
        onReceivedTitle: function(e) {
            this.title = e.title;
        }
    }
}
</script>
```

运行上面的示例代码,可以看到如图 4-3 所示的效果。

图 4-3　使用<web>组件加载网页数据的运行效果

4.2　内置模块

WEEX 内置了很多有用的模块,可以帮助开发者快速实现某一特定功能的开发。具体使用时需要先通过 require('@weex-module/xxx')或者 weex.requireModule('xxx')的方式来引入模块,然后使用模块提供的 API。本节主要介绍一些 WEEX 中常见的内置模块及其作用。

4.2.1　DOM 模块

DOM 模块,顾名思义,就是为 WEEX 页面里的组件节点提供操作方法的模块。与在浏览器中直接操作 DOM 不同,在 WEEX 中操作 DOM 模块需要将虚拟 DOM 中的消息发送到原生平台才能进行渲染。

借助 DOM 模块,开发人员可以轻松获取某个组件的布局信息,并对获取的组件节点进行特定操作。使用 DOM 模块前,需要先使用如下方式导入 DOM 模块:

```
var dom=weex.requireModule('dom')
```

DOM 模块提供了一些常用的 API 函数，常见的有 scrollToElement()、getComponentRect()、addRule()和 getLayoutDirection()。

scrollToElement(ref, options)

scrollToElement()可以让页面滚动到 ref 参数对应的组件上，此方法只能用于含有滚动组件的子节点。scrollToElement()的可选参数如下。

- ref {Node}：需要滚动到的节点。
- offset {number}：到可见位置的偏移距离，默认为 0。
- animated {boolean}：滚动时是否需要滚动动画，默认为 true。

下面是 scrollToElement()的使用示例代码：

```
const dom = weex.requireModule('dom');
export default {
methods: {
scroll(){
    dom.scrollToElement(this.$el('id'),{offset:0})
    }
  }
}
```

getComponentRect(ref, callback)

getComponentRect()主要用于获取布局信息，返回的信息（如下所示）会包含在回调函数中。

```
{
  result: true,
  size: {
height: 15,
width: 353,
    left: 0,
    right: 353,
top: 45,
bottom: 60,
  }
}
```

如果想要获取 WEEX 视图容器的布局信息，则可以指定 ref 的值为字符串'viewport'，即使用 getComponentRect('viewport', callback)的方式获取：

```
const dom = weex.requireModule('dom')
dom.getComponentRect('viewport')
```

addRule(type, contentObject)

addRule()是 WEEX 提供的一个添加自定义规则的 API，需要 WEEX 0.12.0 以上版本的支持。

例如，使用 addRule()加载自定义字体：

```
const domModule = weex.requireModule('dom')
domModule.addRule('fontFace', {
  'fontFamily': "iconfont2",
  'src': "url('http://at.alicdn.com/t/font_1469606063_76593.ttf')"
});
```

getLayoutDirection (ref, callback)

getLayoutDirection()用于获取当前布局的方向。ref 为要操作的节点，callback 为回调方法中包含的返回排版的方向信息。示例代码如下：

```
const dom = weex.requireModule('dom')
const element = this.$refs['kkk'][0];
dom.getLayoutDirection(element, function(ret) {
  console.log(ret.result);
});
```

4.2.2 steam 模块

steam 模块主要用于提供网络请求方法，类似于 AJAX 或 vue-resource 的角色，语法格式如下：

```
fetch(options, callback[,progressCallback])
```

其中，options 表示请求选项，callback 表示响应的结果，progressCallback 表示请求的处理状态。使用方法和参数的含义如下：

```
var stream = weex.requireModule('stream');
stream.fetch({
        method: 'GET',           //HTTP 请求方式(GET/POST)
        url: '',                 //HTTP 请求地址
        type: 'jsonp',           //响应类型：json、text 或 jsonp
        body: {},                //HTTP 请求体
        headers: {}              //HTTP 请求头
    },
    function (callback) {
        /*
         status {number}: 返回的状态码
         ok{boolean}: 如果状态码在 200~299 之间就为真
         statusText{string}: response 状态描述文本
         data {Object|string}: 返回的数据
         headers{Object}: 响应头
         */
    },
    function (progressCallback) {
```

```
                /*
                readyState {number}: 当前状态, 1 请求连接中, 2 返回响应头中, 3 正在加载
返回数据
                status{number}: 响应状态码
                length{number}: 已接收到的数据长度
                statusText{string}: 状态描述文本
                headers{Object}: 响应头, 包括数据总长度
                */
            });
```

在使用 steam 模块请求数据时，content-type 的默认值是'application/x-www-form-urlencoded'，如果需要通过 POST/JSON 方式请求数据，则需要将 content-type 设为'application/json'。如果使用 GET 方式请求数据，请记住，GET 请求不支持使用 body 方式来传递参数，请使用 URL 来传递参数。

4.2.3 modal 模块

modal 模块主要用于提供模态对话框功能，主要包含 toast、alert、confirm 和 prompt 这 4 种类型的对话框。需要说明的是，modal 模块中涉及的弹框最终会使用原生组件渲染，所以在 Android 和 iOS 平台的表现样式是不一样的。使用前需要先导入 modal 模块，代码如下：

```
weex.requireModule('modal')
```

toast

toast 是显示在屏幕上的一个提示窗口，会在显示一段时间后自动消失，它的基本使用方法如下：

```
var modal = weex.requireModule('modal')
modal.toast({
    message: 'This is a toast',
    duration: 0.3
})
```

其中，message 表示提示内容，duration 表示展示的持续时间。

alert

alert 是前端开发中常见的警告框，用于确保用户可以得到某些信息，如图 4-4 所示。当警告框出现后，用户需要点击确定（OK）按钮才能继续操作。alert 的基本使用方法如下：

```
var modal = weex.requireModule('modal')
modal.alert({
  message: 'This is a alert',
```

```
    okTitle: 'OK'
}, function () {
    console.log('alert callback')
})
```

其中，message 表示警告框中显示的文字信息，okTitle 表示确定按钮的文字信息，callback 表示用户点击确认按钮后的回调。

图 4-4　alert 警告框示例

confirm

在很多情况下，由于 alert 警告框过于简陋，往往无法满足实际的应用需求，因此为了更好地实现弹框提示，JavaScript 提供了带有取消（Cancel）和确定（OK）按钮的 confirm 确认框，如图 4-5 所示。和 alert 一样，当确认框出现后，用户需要点击确定或者取消按钮后才能继续操作。confirm 的基本使用方法如下：

```
var modal = weex.requireModule('modal')
modal.confirm({
message: 'Do you confirm ?',
cancelTitle: 'Cancel',
okTitle: 'OK'
}, function (value) {
    //点击按钮后的回调函数，value 的值为 cancelTitle 或 okTitle 的值
})
```

其中，message 为确认框中显示的文字信息，cancelTitle 为取消按钮上的文字，okTitle 为确认按钮上的文字。

图 4-5　confirm 确认框示例

prompt

prompt 是一种用于提示用户输入的对话框，当提示对话框出现后，用户需要在输入框中输入内容，然后点击确认（OK）或取消（Cancel）按钮才能继续操作，如图 4-6 所示。prompt 的

使用方法如下：

```
var modal = weex.requireModule('modal')
modal.prompt({
   message: 'This is a prompt',
   cancelTitle: 'Cancel',
   okTitle: 'OK'
}, function (value) {
   console.log('prompt callback', value)
})
```

当用户点击确认按钮后，prompt 会给出回调结果，回调函数返回数据的格式形如{ result: 'OK', data: 'hello world' }。其中，result 表示用户按下的按钮上的文字，data 表示用户输入的内容。

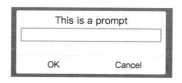

图 4-6　prompt 对话框示例

4.2.4　animation 模块

animation 是一个动画模块，主要用来处理动画相关的功能，目前支持移动、旋转、拉伸或收缩等动画操作。animation 函数的基本格式如下：

```
animation.transition(el, options, callback)
```

其中，el 表示将要执行的动画对象，options 表示设置不同动画样式的键值对，callback 表示动画执行完毕之后的回调函数，具体示例如下所示：

```
const animation = weex.requireModule('animation')
animation.transition(ref1, {
   styles: {
      backgroundColor: '#FF0000',      //动画结束后的背景颜色
      transform: 'translate(250px, 100px)',   //动画的渐变效果
transformOrigin: 'center center'          //动画原点
   },
   duration: 800,          //动画持续时间
   timingFunction: 'ease',    //动画时间函数
   needLayout:false,       //是否需要产生布局动画
   delay: 0               //动画延迟开始时间
}, function () {
```

```
        modal.toast({ message: 'animation finished.' })
    })
```

对于 animation 模块的 options 参数，有如表 4-1 所示的一些可以选择的选项。

表 4-1 options 参数可以选择的选项

选项名	描述	类型
width	动画执行后应用到组件上的宽度值	length
height	动画执行后应用到组件上的高度值	length
backgroundColor	动画执行后应用到组件上的背景颜色	string
opacity	动画执行后应用到组件上的不透明度	0-1
transformOrigin	定义变化过程的中心点	
transform	定义应用在元素上的变换类型	object

transform 提供了多种动画属性，并且支持同时使用多个动画属性，多个动画属性之间用空格隔开即可，如下所示：

```
transform: 'translate(250px, 100px) scale(1.5)'
```

在 animation 模块中，timingFunction 也是一个比较重要的属性，主要用于描述动画执行的速度曲线，以便使动画变化得更加平滑，默认取值为 linear。其参数表如表 4-2 所示。

表 4-2 timingFunction 属性的参数表

参数名	说明
linear	动画从开头到结束都是匀速变化的
ease	动画变化速度逐渐变慢
ease-in	动画变化速度由慢到快
ease-out	动画变化速度由快到慢
ease-in-out	动画先加速变化后减速变化
cubic-bezier	使用三次贝塞尔函数定义变化过程

在 animation 模块的 transition 函数中，callback 用于表示动画执行完毕之后的回调函数。在 iOS 平台上，可以获取动画执行是否成功的信息，但 Android 平台目前还不支持获取动画相关的信息。

4.2.5 navigator 模块

众所周知,在浏览器环境中,可以通过前进或者回退按钮来实现页面切换,而 navigator 模块就是用于在 iOS、Android 中实现类似效果的模块。除了提供前进和回退功能,navigator 模块还可以指定页面切换过程中的动画效果。

push()方法用于把一个 WEEX 页面的 URL 压入导航堆栈中,并可以指定在页面跳转时是否需要动画,以及操作完成后还需要执行的回调函数。push()方法的基本格式如下:

```
push(options, callback)
```

其中,options 表示选项参数,可选的值包括 url 和 animated。url 表示载入页面的 URL,animated 表示是否需要使用动画。callback 则表示执行完该操作后的回调函数。

pop()方法用于将一个 WEEX 页面的 URL 弹出导航堆栈。pop()方法与 push()方法类似,只不过第一个参数只包含 animated 属性,不需要传入 URL。pop()方法的基本格式如下:

```
pop({animated:true}, callback)
```

下面是使用 navigator 实现跳转到百度首页的示例代码,点击跳转按钮后就会跳转到百度首页,同时执行默认的转场动画。

```
<template>
    <div class="wrapper">
        <text class="button" @click="jump">Jump</text>
    </div>
</template>

<script>
    var navigator = weex.requireModule('navigator')
    var modal = weex.requireModule('modal')
    export default {
        methods: {
            jump(event) {
                navigator.push({
                    url: 'http://www.baidu.com',
                    animated: "true"
                }, event => {
                    modal.toast({message: 'callback: ' + event})
                })
            },
        }
    };
</script>
```

```
<style scoped>
    .wrapper {
        flex-direction: column;
        justify-content: center;
    }

    .button {
        font-size: 60px;
        width: 450px;
        text-align: center;
    }
</style>
```

4.2.6 storage 模块

storage 模块主要用于提供本地轻量级数据存储，其作用类似于 Android 平台中的 SharedPreferences 或者 iOS 平台中的 NSUserDefaults。借助 storage 模块，可以对本地数据进行存储、修改和删除操作，并且保存的数据是永久的，除非手动清除或者使用代码清除。

storage 模块提供了一系列 API 供开发者调用，只需要使用 requireModule 引入该模块，就可以调用对应的 API。

该模块下提供的一些常用的 API 函数如下。

setItem(key, value, callback)

setItem()方法主要用于通过键值对的形式将数据存储到本地，同时还可以使用该方法更新已有的数据。其中，key 为要存储的值的键，不允许为 null 或空字符串，value 为要存储的值，callback 为执行操作成功后的回调函数。

其中，返回的回调函数中会包含两个属性：event.result 和 event.data。如果 event.result 的返回值是 success，则说明成功；如果 event.data 返回 undefined，则表示设置成功，返回 invalid_param，则表示 key/value 为 null 或者空字符串。

getItem(key, callback)

getItem()方法用于获取 key 对应的 value 值。其中，key 不允许为 null 或者空字符串，callback 表示执行操作后的回调结果。和 setItem()方法类似，getItem()方法的 callback 中也包含两个属性：event.result 和 event.data。如果 event.result 的返回值是 success，则表示获取成功，否则表示获取失败；event.result 返回失败时，e.data 的返回值为 undefined。

removeItem(key, callback)

removeItem()方法用于删除 key 对应的 value 值。其中，key 为要删除的键名，不允许为 null 或空字符串。如果回调函数的 event.result 属性的返回值是 success，则表示删除成功。

length(callback)

length()用于返回 storage 中所有存储数据的长度。如果操作成功，则 event.result 属性会返回 success，并且 event.data 属性会返回存储项的长度。

getAllKeys(callback)

getAllKeys()用于返回 storage 中存储的所有键名。如果操作成功，则 event.result 属性会返回 success，并且 event.data 属性会返回键名组成的数组。

可以发现，storage 模块的所有操作都会通过回调函数返回执行的结果，并可以通过 event.data 属性来获取具体的值，示例代码如下所示：

```
const storage = weex.requireModule('storage')

//保存数据
storage.setItem('name', 'Hanks', event => {
    console.log('set value:', event.result+event.data);
})

storage.getItem('name', event => {
    console.log('get value:', event.result+event.data)
})

//移除一条数据
storage.removeItem('name', event => {
    console.log('delete value:', event.data)
})

//移除所有数据
storage.getAllKeys(event => {
   if (event.result === 'success') {
     //..
   }
})
```

4.3　Weex Ui 详解

4.3.1　Weex Ui 简介

Weex Ui 是基于 WEEX 的富交互、轻量级和高性能的 UI 组件库，被广泛使用在阿里系的移动产品中。使用 weex-ui 之前，需要先使用 npm 命令安装 weex-ui 插件库，如下所示：

```
npm i weex-ui -s
```

等待命令执行完成后，会在项目的 package.json 文件中看到 weex-ui 的相关依赖：

```
"dependencies": {
  "weex-ui": "^0.6.6",
}
```

然后就可以像使用 WEEX 组件一样使用 weex-ui 提供的组件了。例如，下面是使用 weex-ui 提供的<wxc-button>和<wxc-popup>组件实现点击按钮弹框的示例代码：

```
<template>
    <div>
        <div class="button">
        <wxc-button text="Open Popup"
                @wxcButtonClicked="buttonClicked">
        </wxc-button>
        </div>
        <wxc-popup width="500"
                pos="left"
                :show="isShow"
                @wxcPopupOverlayClicked="overlayClicked">
        </wxc-popup>
    </div>
</template>

<script>
    import { WxcButton, WxcPopup } from 'weex-ui';

    module.exports = {
        components: { WxcButton, WxcPopup },
        data: () => ({
            isShow: false
        }),
        methods: {
            buttonClicked () {
```

```
            this.isShow = true;
        },
        overlayClicked () {
            this.isShow = false;
        }
    }
};
</script>

<style scoped>
    .button {
        margin-top: 20px;
        align-items: center;
    }
</style>
```

4.3.2 <wxc-minibar>组件

顶部导航栏是指屏幕顶部的导航组件，主要包含标题和左右功能按钮，其效果如图4-6所示。

<　　　　　　　标题　　　　　　　更多

图4-6　顶部导航栏效果图

<wxc-minibar>组件的使用也非常简单，只需要添加左右功能按钮和标题即可，如果不需要左边的返回按钮，则可以直接使用表达式 leftButton=""来隐藏左边的返回按钮。该组件的示例代码如下：

```
<template>
    <div class="demo">
        <wxc-minibar title="标题"
                background-color="#ffffff"
                right-text="更多"
                @wxcMinibarLeftButtonClicked="leftButtonClick"
                @wxcMinibarRightButtonClicked="rightButtonClick">
</wxc-minibar>
    </div>
</template>

<script>
    import {WxcMinibar} from 'weex-ui';
    export default {
        components: {WxcMinibar},
```

```
        methods: {
            leftButtonClick() {
                console.log('click leftButton')
            },
            rightButtonClick() {
                console.log('click rightButton')
            }
        }
    };
</script>

<style scoped>
    .demo {
        width: 750px;
        height: 180px;
        align-items: flex-start;
    }
</style>
```

在上面的代码中,如果需要处理用户点击左右功能按钮的事件,则可以使用组件提供的 @wxcMinibarLeftButtonClicked 和@wxcMinibarRightButtonClicked 两个事件监听函数。除了上面使用到的属性,<wxc-minibar>组件支持的可配置参数如表 4-3 所示。

表 4-3 <wxc-minibar>组件支持的可配置参数

参数	类型	默认值	说明
title	String		导航栏标题
right-button	String		导航栏右侧的图标
right-text	String		导航栏右侧按钮的文案
left-button	String		导航栏左侧的返回图标
left-text	String		导航栏左侧的文案
text-color	String	#333333	标题颜色
background-color	String	#ffffff	导航栏的背景颜色
use-default-return	Boolean	true	是否使用默认的返回样式
show	Boolean	true	控制导航栏的显示及隐藏

如果表 4-3 提供的属性不能满足开发需求,则可以使用 slot 来自定义设置导航栏组件,代码如下所示,效果如图 4-7 所示。

```
<wxc-minibar>
```

```
    <image slot="left"
src=" "
            style="height: 32px;width: 88px;"></image>
    <text style="font-size: 40px;" slot="middle">全部自定义化</text>
    <image  slot="right"
src=" "
            style="height: 32px;width: 40px"></image>
</wxc-minibar>
```

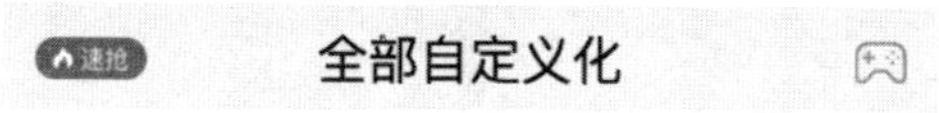

图 4-7 使用 slot 自定义设置导航栏组件

4.3.3 <wxc-tab-bar>组件

底部导航是移动应用的重要交互形式，<wxc-tab-bar>就是用于实现底部 tab 页面展示和切换的组件，支持图标、文本、Iconfont 形式的底部导航栏。

<wxc-tab-bar>组件的使用和其他 WEEX 组件一样，只需要在组件中添加特有的属性和样式即可，<wxc-tab-bar>组件支持的可配置参数如表 4-4 所示。

表 4-4 <wxc-tab-bar>组件支持的可配置参数表

参数	类型	默认值	说明
tab-titles	Array	[]	选项卡显示配置
title-type	String	icon	导航类型，支持图标、文本、Iconfont
tab-styles	Array	[]	选项卡样式配置
is-tab-view	Boolean	true	值为 false 且配置 url 参数时可跳出
duration	Number	300	页面切换动画的时间
title-use-slot	Boolean	false	使用 slot 配置底部导航
timing-function	String	-	页面切换时使用的动画函数
wrap-bg-color	String	#F2F3F4	页面背景颜色

<wxc-tab-bar>组件主要用于提供底部选项卡图标展示和切换功能，而每个选项卡都对应一个具体的子页面，因此可以将<wxc-tab-bar>视为一个容器组件。作为一个容器组件，<wxc-tab-bar>组件并不关心子页面的内容展示。如图 4-8 所示，是一个使用<wxc-tab-bar>组件实现底部选项卡展示与切换的示例。

图 4-8 使用<wxc-tab-bar>组件实现底部选项卡展示与切换的示例

使用<wxc-tab-bar>组件包裹子组件即可实现底部选项卡展示和切换的功能,具体可以参考下面的示例代码:

```
<template>
    <wxc-tab-bar :tab-titles="tabTitles"         //选项卡显示配置
            :tab-styles="tabStyles"              //选项卡容器的样式
            title-type="icon"                    //选项卡的类型
            is-tab-view="false">

        <div class="item-container" :style="contentStyle"><text>首页</text></div>
        <div class="item-container" :style="contentStyle"><text>推荐</text></div>
        <div class="item-container" :style="contentStyle"><text>消息</text></div>
        <div class="item-container" :style="contentStyle"><text>我的</text></div>
    </wxc-tab-bar>
</template>

<style scoped>
    .item-container {
        width: 750px;
```

```
        background-color: #f2f3f4;
        align-items: center;
        justify-content: center;
    }
</style>

<script>
    import { WxcTabBar, Utils } from 'weex-ui';
    import Config from './config.js'

    export default {
        components: { WxcTabBar },
        data: () => ({
            tabTitles: Config.tabTitles,
            tabStyles: Config.tabStyles
        }),
        created () {
            const tabPageHeight = Utils.env.getPageHeight();
            const { tabStyles } = this;
            this.contentStyle = { height: (tabPageHeight - tabStyles.height) + 'px' };
        }
    };
</script>
```

为了让代码结构看起来更加合理，实现结构、样式和逻辑的分离，此处将样式单独放到 config.js 文件中，代码如下所示：

```
export default {
    tabTitles: [
        {
            title: '首页',
            icon: 'https://gw.alicdn.com/tfs/TB-72-72.png',
            activeIcon: 'https://gw.alicdn.com/tfs/TB-72-72.png'
        },
        {
            title: '推荐',
            icon: 'https://gw.alicdn.com/tfs/TB-72-72.png',
            activeIcon: 'https://gw.alicdn.com/tfs/TB-72-72.png'
        },
        {
            title: '消息中心',
            icon: 'https://gw.alicdn.com/tfs/TB-72-72.png',
            activeIcon: 'https://gw.alicdn.com/tfs/TB-72-72.png',
            badge: 5
        },
        {
```

```
            title: '我的主页',
            icon: 'https://gw.alicdn.com/tfs/TB-72-72.png',
            activeIcon: 'https://gw.alicdn.com/tfs/TB-72-72.png',
            dot: true
        }
    ],
    tabStyles: {
        bgColor: '#FFFFFF',
        titleColor: '#666666',
        activeTitleColor: '#3D3D3D',
        activeBgColor: '#FFFFFF',
        isActiveTitleBold: true,
        iconWidth: 70,
        iconHeight: 70,
        width: 160,
        height: 120,
        fontSize: 24,
        textPaddingLeft: 10,
        textPaddingRight: 10
    }
}
```

从 0.3.8 版本开始,Weex Ui 开始支持使用 Iconfont 来代替原有选项卡标题中的图片配置,如下所示:

```
tabIconFontTitles: [
    {
      title: '首页',
      codePoint: '\ue608'
    },
    {
      title: '我的主页',
      codePoint: '\ue752',
    },
    // ....
  ]
```

如下所示,在原有的配置已经不能满足需求的情况下,可以使用 slot 的方式来自定义底部导航栏,此时只需要传入参数及值:title-use-slot="true",同时在<wxc-tab-bar>组件内部传入 slot 对应的节点即可。

```
<div slot="tab-title-0"><text>111</text></div>
<div slot="tab-title-1"><text>222</text></div>
<div slot="tab-title-2"><text>333</text></div>
```

当然,<wxc-tab-bar>组件还支持使用 wxcTabBarCurrentTabSelected 属性来实现对选中选项卡的监听:

```
<wxc-tab-bar  @wxcTabBarCurrentTabSelected="wxcTabBarCurrentTabSelected">
```

```
export default {
  methods: {
    wxcTabBarCurrentTabSelected (e) {
      const index = e.page;
    }
  }
};
```

4.3.4 <wxc-tab-page>组件

与<wxc-tab-bar>组件类似，<wxc-tab-page>也是一个页面切换组件，只不过<wxc-tab-page>更专注于顶部导航栏的选项卡展示与切换，目前<wxc-tab-page>组件支持图标、本文和 Iconfont 等多种样式，如图 4-9 所示。同时，配合 BindingX 动画框架，还可以很容易地实现复杂的动画效果。

图 4-9 使用<wxc-tab-page>实现顶部选项卡展示与切换

以下是<wxc-tab-page>组件的具体使用示例，子页面由一个列表组成（完整实现可以参考 Weex Ui 的官方示例项目）：

```
<template>
  <wxc-tab-page ref="wxc-tab-page"
                :tab-titles="tabTitles"
```

```
            :tab-styles="tabStyles"
            title-type="icon"
            :needSlider="needSlider"
            :is-tab-view="isTabView"
            :tab-page-height="tabPageHeight">
  <list v-for="(v,index) in tabList"
        :key="index"
        class="item-container"
        :style="{ height: (tabPageHeight - tabStyles.height) + 'px' }">
    <cell class="border-cell"></cell>
    <cell v-for="(demo,key) in v"
        class="cell"
        :key="key"
        :accessible="true"
        aria-label="价格 666 元">
        <wxc-pan-item url="https://h5.m.taobao.com">
            <wxc-item image="https://gw.alicdn.com "
                :image-text="tabTitles[index].title"
                title="卡片测试"
                :desc="desc"
                :tags="tags"
                price="666"
                price-desc="月售 58 笔丨999+条评论"/>
        </wxc-pan-item>
    </cell>
  </list>
 </wxc-tab-page>
</template>
```

如果需要为列表的 cell 添加跳转链接，则可以为<wxc-pan-item>组件添加跳转链接。和<wxc-tab-bar>组件类似，<wxc-tab-page>组件支持的可配置参数如表 4-5 所示。

表 4-5 <wxc-tab-page>组件支持的可配置参数表

参数	类型	默认值	说明
tab-titles	Array	[]	顶部选项卡的显示配置
title-type	String	icon	导航类型，支持图标、文本、Iconfont
tab-styles	Array	[]	顶部导航样式配置
tab-page-height	Number	1334	选项卡的页面高度
is-tab-view	Boolean	true	值为 false 且配置 url 参数时可跳出
pan-dist	Number	200	滚动多远切换下一屏幕
duration	Number	300	页面切换的动画执行时间

续表

参数	类型	默认值	说明
timing-function	String	-	页面切换时使用的动画函数
title-use-slot	Boolean	false	使用slot配置自定义头部导航
wrap-bg-color	String	#F2F3F4	导航背景颜色
need-slider	Boolean	true	是否支持手势滑动

如果系统提供的默认属性不能满足开发需求，则可以使用slot的方式来配置自定义顶部导航栏组件。同时，为了实现沉浸式状态栏的开发需求，Weex Ui 提供了<WxcFullPage>组件。<WxcFullPage>组件的使用方法、参数形式和<wxc-tab-page>组件保持一致，具体使用时建议隐藏顶部导航栏，并结合<wxc-slide-nav>组件一起使用。

4.3.5 <wxc-ep-slider>组件

<wxc-ep-slider>是 Weex Ui 提供的一个极富交互体验的组件，主要用于实现轮播图和图片列表展示等效果，如图 4-10 所示。

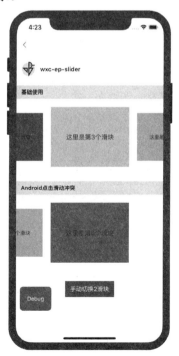

图 4-10 使用<wxc-ep-slider>组件实现轮播图效果

<wxc-ep-slider>组件的使用方法也很简单,只需要按照组件的配置参数传入相关的数据即可,如下所示:

```
<template>
    <wxc-ep-slider :slider-id="sliderId"
            :card-length='cardLength'
            :card-s="cardSize"
            :select-index="2">
    </wxc-ep-slider>
</template>

export default {
    components: {Title, Category, WxcEpSlider, WxcPanItem},
    data: () => ({
        sliderId: 1,
        autoSliderId: 2,
        cardLength: 5,
        cardSize: {
            width: 400,
            height: 300,
            spacing: 0,
            scale: 0.8
        }
    }),
}
```

如果需要处理组件的滑动事件,可以使用组件的 @wxcEpSliderPullMore 和 @wxcEpSliderCurrentIndexSelected 两个事件监听属性。除了上面例子中使用的参数,<wxc-ep-slider>组件支持的可配置参数如表4-6所示。

表4-6 <wxc-ep-slider>组件支持的可配置参数表

参数	类型	默认值	说明
slider-id	Number	1	slider 的序号
card-length	Number	1	slider 中 item 的数量
select-index	Number	0	默认选中 item 的序号
container-s	Object		包裹容器的样式
card-s	Object		item 容器样式
auto-play	Boolean	false	是否需要自动播放
interval	Number	1200	自动播放的时间间隔

同时，<wxc-ep-slider>组件支持滑到最右侧显示加载更多的功能，此时需要在组件的 slot 中传入 pull-more 函数：

```
<div class="more-slider"
    slot="pull-more"
    :style="">
     <text>加载更多</text>
</div>
```

需要说明的是，在 Android 环境中，由于<wxc-ep-slider>的子组件不能处理点击事件，所以可以通过使用<wxc-pan-cell>组件包裹子组件来解决。

4.3.6 <wxc-slider-bar>组件

<wxc-slider-bar>组件是一个滑动选择组件，主要用于从线性取值范围中选取某个具体的值，比如音量大小、界面亮度等，其效果如图 4-11 所示。

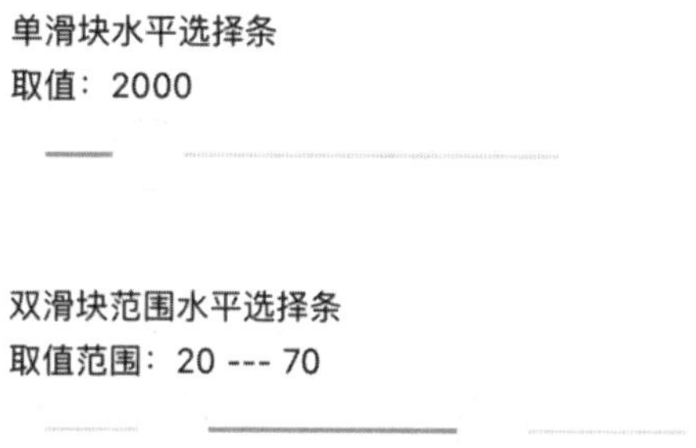

单滑块水平选择条
取值：2000

双滑块范围水平选择条
取值范围：20 --- 70

图 4-11 <wxc-slider-bar>组件的滑块效果

<wxc-slider-bar>组件的使用非常简单，只需要为组件添加基本的显示样式和属性即可，如下所示：

```
<template>
  <wxc-slider-bar v-bind="sliderBarCfg"></wxc-slider-bar>
</template>
<script>
  import { WxcSliderBar } from 'weex-ui';
  export default {
    components: { WxcSliderBar },
    data: () => ({
      sliderBarCfg: {
        length: 400,
        range: false,
        min: 0,
        max: 100,
```

```
            value: 50,
            defaultValue: 50,
            disabled: false
          }
        });
      }
    </script>
```

需要说明的是，可以通过传入的值来确定实现的是单滑块滚动条还是双滑块滚动条。在上面的示例中，传入的是一个整数值，所以是一个单滑块滚动条，如果是双滑块滚动条，则需要传入一个数组。当然，除了示例中使用的一些参数，<wxc-slider-bar>组件支持的可配置参数如表 4-7 所示。

表 4-7 <wxc-slider-bar>组件支持的可配置参数

参数	类型	默认值	说明
length	Number	500	滑块长度
height	Number	4	滑块高度
range	Boolean	false	是否设置选择范围
min	Number	0	滑块最小值
max	Number	100	滑块最大值
minDiff	Number	5	选择范围最小差值，避免重合
value	[Number, Array]	0	设置当前取值
defaultValue	[Number, Array]	0	设置初始取值
disabled	Boolean	false	是否禁用
invalidColor	String	#E0E0E0	无效颜色
validColor	String	#EE9900	有效颜色
disabledColor	String	#AAA	禁用颜色

如果需要监听<wxc-slider-bar>组件滑动时的取值，则可以使用@updateValue 属性，具体使用方法如下：

```
<wxc-slider-bar @updateValue="updateValue"/>

methods: {
    updateValue(value) {
        if (typeof value === 'number') {
```

```
console.log(value)
    } else if (value.length && value.length === 2) {
      console.log(value[0]+','+value[1])
    }
  }
}
```

4.4 本章小结

组件，是一段独立可复用的代码，其核心是复用。模块，是指可以独立执行某种功能的程序单元，是一组具有一定内聚性代码的组合。相对于模块来说，组件对于依赖性有更高的要求。

组件和模块是构成前端页面的基本元素，本章主要从内置组件、内置模块和 Weex Ui 组件框架这 3 个方面来介绍 WEEX 开发中最基本的知识。通过学习这些基本知识，为快速开发高质量的跨平台应用打下基础。

第 5 章 Rax 框架详解

5.1 Rax 简介

Vue.js 和 Rax 都是 WEEX 内置的前端框架,也就是说,开发者可以根据实际情况自由选择使用 Vue.js 或者 Rax 来开发 WEEX 跨平台应用。

众所周知,Vue.js 是一个定位于构建用户界面的渐进式框架,在实现复杂的多页面应用时需要借助 vue-router、Vuex 等扩展框架的配合。Rax 是一个基于 React 标准实现的跨容器解决方案,使用成熟的 React 语法标准,能在 WEEX、Web、WebGL 等多种容器上完成渲染。

作为一个基于 React 标准实现的跨容器 JavaScript 框架,Rax 具有跨容器、高性能、轻量等特点。如果读者对 React 前端框架比较熟悉,那么上手 Rax 将不存在任何技术障碍,因为它们的 API 是完全兼容的,且语法规则基本相同,如下所示:

```
import {createElement, Component, render} from 'rax';
import Text from 'rax-text';
import View from 'rax-view';

class App extends Component {
  render() {
    return (
      <View className="container">
        <Text className="text">
          Hello, this is Rax Playground, support web and weex preview.
          You can use any Rax components here.
        </Text>
      </View>
    );
  }
}
render(<App/>);
```

从实现机制上来说，Vue.js 采用的是 MVVM 分层模式，实现思路是通过数据绑定，数据的变化会通过观察者模式反映到虚拟 DOM 上。而 Rax 的实现思路是通过单向数据流及数据驱动 UI 渲染的方式，在数据变化后直接通知 DOM 进行刷新。可以发现，两者都实现了虚拟 DOM，采用逐层比较的方式提升渲染性能，但在具体的实现方式上，Vue.js 和 Rax 采用的优化措施又不太相同。

除此之外，从界面的渲染方式上来说，Vue.js 采用的是异步渲染的方式，当前运行队列的更新变化均会被放到一个队列里，在下一个运行队列中做统一更新。而 Rax 的 setState 的运行机制则是同步的，开发者需要自己控制状态的更新时机，否则可能会出现视图无法渲染的问题。

在组件的通信方式上，Vue.js 和 Rax 组件的通信方式是非常类似的，父组件可以通过 props 给子组件传递数据，子组件则通过回调的方式调用父组件。当然，还可以通过子组件或者父组件的实例直接调用相应的方法，对于兄弟组件或者跨层组件，则可以通过触发事件的方式进行组件通信，也可以单独引入状态管理框架来处理组件通信。

5.2 Rax 快速入门

5.2.1 搭建环境

使用 Rax 开发跨平台应用需要安装 Node.js 等前端运行环境，除此之外，还需要安装 rax-cli 脚手架工具。rax-cli 是 Rax 提供的脚手架和集成开发工具，安装命令如下：

```
npm install -g rax-cli
```

若安装缓慢或报错，则可以尝试使用 cnpm 或别的镜像源进行安装。等待安装完成，就可以使用 rax-cli 初始化 Rax 项目了。使用 rax-cli 初始化项目时，工具会自动安装 npm 依赖。使用 rax-cli 初始化 Rax 项目的命令如下：

```
rax init hello-world && cd hello-world
Creating a new Rax project in /Users/anonymous/hello-world
Install dependencies:
...
To run your app:
  cd hello-world
  npm run start
```

前面说过，Rax 是基于 React 标准实现的跨容器解决方案，支持标准的 React 语法，因此，React 的语法规则在 Rax 中是完全适用的。例如，下面是使用 rax-cli 初始化项目时系统生成的代码模板：

```
import {createElement, Component, render} from 'rax';
```

```
import Text from 'rax-text';
import View from 'rax-view';
import styles from './index.css';

class App extends Component {
  render() {
    return (
      <View style={styles.app}>
        <View style={styles.appHeader}>
          <Text style={styles.appBanner}>Welcome to Rax</Text>
        </View>
        <Text style={styles.appIntro}>
          To get started, edit src/pages/index.js and save to reload.
        </Text>
      </View>
    );
  }
}
render(<App/>);
```

如果要预览页面的效果，则可以执行 npm run start 命令启动工程，此时会在终端生成两个二维码，第一个是 Web 页面地址，第二个是 WEEX 页面地址。然后，使用 WEEX 提供的 Playground App 扫描 WEEX 页面地址，即可返回相应的 Native 页面，如图 5-1 所示。

图 5-1　预览 Rax 项目页面的示例

当然，开发者可以使用在线运行环境 JSPlayground，快速上手 Rax 开发项目，如图 5-2 所示。

图 5-2　使用在线运行环境快速上手 Rax 开发项目

5.2.2　基本概念

在正式开发 Rax 项目之前,有必要向读者介绍一些 Rax 开发中涉及的基本概念。如果读者对 React 比较熟悉或者已经熟练使用 React 技术,那么对以下一些概念并不会陌生,可以选择跳过以下部分。

组件(Components)

组件,又名控件,是一段独立可复用的代码,也是 WEEX 页面中的基本组成部分。Rax 内置了很多实用的跨容器组件,如<Text>、<Button>和<Image>等。Rax 使用组件来封装界面模块,整个界面可以被看成一个大的组件,而 Rax 的开发过程就是不断优化和拆分界面组件、构造组件树的过程。

属性(Props)

属性是组件的重要特性之一,展示一个组件只需要指定 Props 作为 JSX 节点的属性即可。组件很少对外公开方法,唯一的交互途径就是通过 Props 提供输入接口。

状态(State)

State 是组件的重要组成内容,是组件渲染时的数据依据。与 Props 不同,State 是可变的,组件 UI 的任何改变都可以通过 State 的变化反映出来。State 本质上是一个状态机，页面根据 State 呈现不同的 UI 效果，一旦 State 被更改，组件就会自动调用自身的 render 函数重新渲染界面，而无须外力的介入。

事件（Event）

Rax 绑定事件的方式和 HTML 绑定事件的方式类似，只需要在组件上使用组件自带的事件名绑定具体的事件函数即可，事件方法的命名规则遵循驼峰命名规则，如下所示：

```
<TextInput onInput={ (event) => this.setState({ text: event.value }) } />
```

FlexBox

和 React 等前端框架一样，Rax 使用 FlexBox 规则来描述组件。FlexBox 意为弹性布局，用来为盒模型提供最大的灵活性。

5.2.3 FlexBox 与样式

使用传统的盒模型进行布局主要依赖 display、position 和 float 三大属性，但在某些特殊的情况下，盒模型的表现并不是那么灵活。于是，W3C 提出了一种全新的弹性布局方案，为盒模型提供最大的灵活性。

除此之外，Rax 还支持使用 JavaScript 的方式来定义样式，每个组件都支持一个 style 属性，用来定义组件的样式，如下所示：

```
<View style={styles.container}>
  <Text>hello world</Text>
</View>

const styles = {
  container: {
    background: 'grey',
    width: '750rem'
  }
};
```

需要说明的是，在使用内联方式时，CSS 属性名只允许使用驼峰风格，不支持使用连字符。为了将通用的样式抽离出来以便复用，style 对象还可以是一个数组：

```
<View style={[styles.container, styles.custom]}>
</View>

const styles = {
  container: {
```

```
    background: 'grey',
    width: '750rem'
  },
  custom: {
    height: '100rem'
  }
};
```

当然，Rax 也支持将 CSS 样式和 JavaScript 文件分离的写法，并且官方更推荐使用这种写法。事实上，CSS 样式和 JavaScript 文件的分离可以让代码的结构更加清晰，也更有利于代码的阅读和维护。例如，下面是一个 CSS 样式和 JavaScript 文件分离的示例。首先，创建一个 CSS 样式文件 foo.css 并写入如下代码：

```
.container {
  background-color: blue;
  width: 375
}
.container_title {
  font-size: 20px;
}
```

然后，再创建一个 JavaScript 文件 foo.js，并引入 CSS 样式文件：

```
import styles from './foo.css';
function Foo() {
  return <div style={styles.container}>
      <span style={styles.container_title}>hello world</span>
    </div>;
}
export default Foo;
```

需要说明的是，并不是所有的 CSS 特性都被 Rax 支持。举个例子，在标准的 CSS 中，伪类主要用来在不同状态下定义不同的样式状态，但 Rax 目前只支持 active、focus、disabled 和 enabled 这 4 种伪类类型。

并且，Rax 中的 stylesheet-loader 默认是不支持嵌套的，如果 CSS 样式文件中出现类似".a .b"这样的嵌套选择器，则 Rax 会抛出错误。不过，可以通过在 webpack 中添加 transformDescendantCombinator 配置来支持嵌套，如下所示：

```
{
  test: /\.css/,
  loader: 'stylesheet?transformDescendantCombinator'
}
```

5.2.4 事件处理

在移动交互系统中，与用户的交互主要通过点击事件和触摸事件来实现，下面通过具体的手势事件来说明手势交互在 Rax 中的具体实现。

在 Rax 中，可以使用<Touchable>组件来实现触摸事件，然后通过给组件绑定 onPress 事件来实现监听点击事件，如下所示：

```
import {createElement, Component} from 'rax';
import ScrollView from 'rax-scrollview';
import Touchable from 'rax-touchable';
import Text from 'rax-text';

class TouchDemo extends Component {
  render() {
    return (
      <ScrollView>
        <Touchable onPress={() => console.log('pressed')}>
          <Text>点击事件</Text>
        </Touchable>
      </ScrollView>
    );
  }
}
```

如果一个组件被绑定了 onAppear 事件，那么当组件的状态变为可见时就会触发 onAppear 事件。onAppear 事件与 onDisappear 事件是相对的，rax-picture 库的图片"懒加载"就用到了 onAppear 事件，如下所示：

```
class TouchDemo extends Component {
  render() {
    return (
      <View onAppear={(ev) => {
        console.log('appear');          //组件的状态变为可见时执行
      }} onDisappear={(ev) => {
        console.log('disappear');       //组件的状态变为不可见时执行
      }}>
        <Text>onAppear 事件</Text>
      </View>
    );
  }
}
```

<ScrollView>是一种具有滚动功能的容器组件，它同时支持横向滚动和纵向滚动，当横向视图或者纵向视图超过屏幕大小时，就可以使用<ScrollView>组件来进行包裹。<ScrollView>组件有如下 3 个重要的属性。

- throttle：此属性用于控制在滚动过程中 scroll 事件被调用的频率。
- loadMoreOffset：此属性用于设置加载更多的偏移量，默认值为 100。
- onLoadMore：此属性用于触发加载更多功能。

<ScrollView>组件的使用示例代码如下：

```
import {createElement, Component} from 'rax';
import ScrollView from 'rax-scrollview';
import Text from 'rax-text';

class TouchDemo extends Component {
  render() {
    return (
      <ScrollView loadMoreOffset={300} onLoadMore={() => {}}>
        <Text style={{
          fontSize: '100rem',
          backgroundColor: 'blue'
        }}>
          Shake or press menu button
          //省略
        </Text>
      </ScrollView>
    );
  }
}

export default TouchDemo;
```

如下所示，在 Rax 开发中，对于复杂的手势事件可以使用 PanResponder 来实现，它可以将多点触摸合成一个单点触摸手势。与 React Native 中的多点触摸操作 PanResponder 相同，响应手势的基本单位是 responder，任何视图组件都可以被当成一个响应器。

```
this._panResponder = PanResponder.create({
  onStartShouldSetPanResponder: () => true,
  onMoveShouldSetPanResponder: () => true,
  onPanResponderGrant: () => { // do something },
  onPanResponderMove: () => { // do something },
  onPanResponderRelease: () => { // do something },
});
```

如上，一个在屏幕上移动的 move 手势可以被拆分为如下几个过程： respond move→grant→move→release。

5.2.5 网络请求

在 fetch 出现之前，客户端向服务器端请求数据通常使用 AJAX 来实现，AJAX 本质上是使用 XMLHttpRequest 对象来请求数据的。不过，随着前端技术的不断发展，fetch 逐渐成为前端网络请求的实际标准。

相比 XMLHttpRequest，fetch 不但支持 AJAX 请求方式，还支持 Promise 请求方式。使用

fetch 进行网络请求，将比传统的 AJAX 请求更加高效实用。

在使用 Rax 进行 WEEX 开发时，Rax 实现了 fetch 相关的 API，除了支持传统的 HTTP、JSONP 等多种网络请求方式，还支持自定义 Header 对象和参数等操作。fetch API 的格式如下：

```
Promise <Response> fetch(url,[options]);
```

fetch 支持的 options 参数如下所示。

- method(String)：资源请求方式，如 GET、POST 等。
- headers(Object)：请求头。
- body(String)：请求体。
- dataType(String)：资源类型，支持 json 和 text 两种类型。
- mode(String)：请求模式，支持 cors、no-cors、same-origin 和 jsonp。

fetch 提供了获取资源的统一接口，通过 request 和 response 对象，fetch 将对资源的操作抽象成发送请求和获取响应两步。作为前端网络中主流的请求方式，fetch 已经被广泛使用在各种大中型项目中，虽然目前 fetch 对某些浏览器的支持并不是很好，但可以借助 Polyfill 在不支持的浏览器中使用。fetch 的使用示例如下：

```
fetch('./api.json', {
    mode: 'same-origin',
    dataType: 'json',
    method: 'GET'
})
.then((response) => {
  return response.json();
})
.then((data) => {
  console.log(data);
})
.catch((err) => {
  //异常处理
});
```

除了可以使用 GET 和 POST 方式，Rax 也支持使用 JSONP 进行网络请求。JSONP 是一种可以解决浏览器的跨域数据访问的请求方式，使用这种方式可以很容易地从其他网站获取需要的数据。使用 JSONP 进行跨站请求之前，需要执行如下命令安装 universal-jsonp：

```
npm install universal-jsonp --save
```

访问跨域的数据之所以需要使用 JSONP 技术，是因为跨域访问会涉及同源策略的问题，它是由 Netscape 公司提出的网络安全策略，现在所有的浏览器基本都支持这个策略。下面是一个使用 JSONP 进行跨域请求的例子，用法和普通的 fetch 请求类似：

```
import jsonp from 'universal-jsonp';

jsonp('http://domain.com/jsonp',         { jsonpCallbackFunctionName:
'callback' })
```

```
.then((response) => {
  return response.json();
})
.then((obj) => {
  console.log(obj);
})
.catch((err) => {
  //异常处理
});
```

5.3 Rax 组件

5.3.1 <View>组件

<View>是最基础的容器组件，可以被嵌套到任意其他组件中，同时也支持嵌套多个任意的子组件，并且它还支持任意自定义属性的透传（透明传输）。

在 WEEX 开发中，<View>组件的渲染需要依赖原生平台，并且直接对应容器的原生视图。具体来说，该组件等同于 Web 环境中的<div>，Android 环境中的<View>，iOS 环境中的<UIView>。

在 Rax 中使用<View>需要先安装 rax-view 插件，安装命令如下：

```
npm install rax-view --save
```

作为 WEEX 开发中的基础组件之一，<View>组件的使用频率可以说是最高的。下面是使用<View>组件实现 3 个容器视图叠加的例子，效果如图 5-3 所示。

图 5-3 <View>组件的示例效果

<View>组件的示例代码如下：

```
import {createElement, Component, render} from 'rax';
import View from 'rax-view';

render(<View style={{
```

```
      padding: 30,
    }}>
    <View style={{
      width: 300,
      height: 300,
      backgroundColor:"red"
    }}/>
    <View style={{
      width: 300,
      height: 300,
      backgroundColor:"green",
      position: 'absolute',
      top: 20,
      left: 20,
    }}/>
    <View style={{
      width: 300,
      height: 300,
      backgroundColor:"yellow",
      position: 'absolute',
      top: 80,
      left: 210,
    }}/>
  </View>);
```

5.3.2 <Touchable>组件

在移动互联网时代,用户与移动设备之间的交互基本都是通过触摸或点击来实现的。在 Rax 开发中，要定义和处理触摸事件需要借助<Touchable>组件。

和 React Native 中的组件相似，<Touchable>其实代表的是一系列的组件，主要包含<Touchable>、<TouchableHighlight>和<TouchableOpacity>等具体的功能组件。使用<Touchable>需要先安装 rax-touchable 库，安装命令如下：

```
npm install rax-touchable --save
```

然后，就可以使用<Touchable>组件来处理点击和触摸相关的操作了。同时，<Touchable>组件还支持任意自定义属性的透传，如下所示：

```
import {createElement, Component, render} from 'rax';
import Touchable from 'rax-touchable';

render(<Touchable onPress={() => { alert('hello'); }}>点击事件</Touchable>);
```

有时候，当用户点击某个按钮或者执行触摸操作时，我们希望系统给出相应的反馈信息，那么使用<TouchableHighlight>组件就可以达到目的。除了支持 onPress 事件，<TouchableHighlight>组件还支持 onPressIn、onPressOut 和 onLongPress 事件的检测和处理，如下所示：

```
import {createElement, Component, render} from 'rax';
import View from 'rax-view';
import Text from 'rax-text';
import TouchableHighlight from 'rax-touchable';

class App extends Component {
  state = {
    eventLog: [],
  };

  _appendEvent = (eventName) => {
    var limit = 6;
    var eventLog = this.state.eventLog.slice(0, limit - 1);
    eventLog.unshift(eventName);
    this.setState({eventLog});
  };

  render() {
    return (
      <View style={styles.root}>
        <View style={styles.container}>
          <TouchableHighlight
            onPress={() => this._appendEvent('press')}
            delayPressIn={400}
            onPressIn={() => this._appendEvent('pressIn - 400ms delay')}
            delayPressOut={1000}
            onPressOut={() => this._appendEvent('pressOut - 1000ms delay')}
            delayLongPress={800}
            onLongPress={() => this._appendEvent('longPress - 800ms delay')}
            style={{
              width: '230rem',
              height: '60rem',
              backgroundColor: '#efefef',
            }}>
            <Text>点击提示</Text>
          </TouchableHighlight>

          <View>
            {this.state.eventLog.map((e, ii) => <Text key={ii}>{e}</Text>)}
          </View>
        </View>
      </View>
    );
  }
}

let styles = {
  root: {
```

```
      width: 750,
      paddingTop: 20
    },
    //省略
};
```

需要说明的是，<TouchableHighlight>组件只支持有一个子节点，如果希望包含多个子组件，则可以在<TouchableHighlight>组件下使用<View>组件来包裹它们。

5.3.3 <ListView>组件

在移动应用开发中，<ListView>组件是使用频率比较高的组件之一，主要用于在横向或纵向上以列表的方式展示数据内容。在 Rax 中，<ListView>组件是基于<RecyclerView>组件进行扩展的，所以也具备一定的视图回收和复用能力。使用<ListView>组件之前要确保已经安装了 rax-listview 库，安装命令如下：

```
npm install rax-listview --save
```

和 React Native 中的<ListView>组件类似，要完成列表渲染，需要使用 dataSource 和 renderRow 两个参数。其中，dataSource 表示渲染列表的数据源，renderRow 表示每行的渲染模板。

<ListView>组件提供了很多有用的属性和方法，如表 5-1 所示，使用这些属性和方法，开发者可以很方便地对列表进行操作。

表 5-1 <ListView>组件的属性和方法

属性名	类型	说明
renderRow	Function	模板方法
dataSource	Array	渲染列表的数据，与 renderRow 配合使用
onEndReached	Function	列表滚动到底部触发该方法
onEndReachedThreshold	Number	距离屏幕底部多远时开始加载下一屏
onScroll	Function	列表滚动时触发该事件
renderHeader	Function	列表头部
renderFooter	Function	列表尾部
renderScrollComponent	Function	列表外层包裹容器

在完成列表的渲染工作时，如果涉及加载更多数据的操作，不仅要用到 renderRow 和 dataSource 两个属性，还可能会用到 onEndReached 属性，如下所示：

```
import {createElement, Component, render} from 'rax';
import View from 'rax-view';
```

```
import Text from 'rax-text';
import ListView from 'rax-listview';

let listData = [
  {name1: 'tom'}, {name1: 'tom'}, {name1: 'tom'},
  //省略n个{name1: 'tom'}, {name1: 'tom'}, {name1: 'tom'},
];

//将item定义成组件
class ListViewDemo extends Component {
  constructor(props) {
    super(props);
    this.state = {
      index: 0,
      data: listData
    };
  }

  listItem = (item, index) => {
    return (
      <View style={styles.item}>
        <Text style={styles.text}>{item.name1}</Text>
      </View>
    );
  };

  render() {
    return (
      <View style={styles.container}>
        <ListView
          renderRow={this.listItem}
          dataSource={this.state.data}
        />
      </View>
    );
  }
};

const styles = {
  container: {
    padding: 20,
    borderStyle: 'solid',
    borderColor: '#dddddd',
    borderWidth: 1,
    flex: 1
  },
  text: {
    color: '#000000',
```

```
    fontSize: 28,
    padding: 40
  },
  item: {
    height: 110,
    backgroundColor: '#e0e0e0',
    marginBottom: 3
  }
};

render(<ListViewDemo />);
```

使用 npm run start 命令执行上面的代码，然后使用 WEEX 提供的 Playground App 扫描生成的二维码，将会看到如图 5-4 所示的效果。

图 5-4　使用<ListView>组件实现列表的效果

当然，使用<ListView>组件的 onEndReached 属性，还可以实现上拉加载更多数据的操作，如下所示：

```
handleLoadMore = () => {
    setTimeout(() => {
        this.state.index++;
        if (this.state.index < 5) {
```

```
            this.state.data.push(
              {name1: 'loadmore 2'},
              //省略 n 个{name1: 'loadmore 2'},
            );
          }
          this.setState(this.state);
        }, 1000);
      }

      render() {
        return (
          <View style={styles.container}>
            <ListView
              renderRow={this.listItem}
              dataSource={this.state.data}
              onEndReached={this.handleLoadMore}   //上拉加载更多数据
            />
          </View>
        );
      }
```

5.3.4 <TabHeader>组件

在 Rax 开发中，<TabHeader>组件用于实现水平选项卡切换效果，其作用类似于 iOS 的 <TabBar>或 Android 的<TabLayout>，可以通过设置 type（类型）来展现不同的选项卡效果，其效果如图 5-4 所示。

图 5-4 使用<TabHeader>组件实现选项卡切换的效果

和其他 Rax 基础组件一样，使用<TabHeader>组件之前需要先添加 rax-tabheader 库依赖，安装命令如下：

```
npm install rax-tabheader --save
```

<TabHeader>组件内置了很多有用的属性和方法，具体可以参考表 5-2 和表 5-3。

表 5-2 <TabHeader>组件内置的属性

属性名	类型	说明
dataSource	Array	选项卡选项的数据源
renderItem	Function	渲染 Item 模板

续表

属性名	类型	说明
itemWidth	String	设置 Item 模板的显示宽度
renderSelect	Function	渲染选中的导航模板
onSelect	Function	选中选项卡的响应事件
selected	Number	选中的导航项,默认为 0
type	String	导航默认的展现类型
containerStyle	Object	导航默认的展现样式
itemStyle	Object	单个选项卡的展现样式
itemSelectedStyle	Object	单个选中选项卡的展现样式
animBuoyStyle	Object	滑动色块的展现样式
dropDownCols	Number	下拉列表的列数

表 5-3 <TabHeader>组件内置的方法

方法名	参数	说明
select	n	选择第 n 个导航项,会触发 onSelect 事件
selectInternal	n	选择第 n 个导航项,不会触发 onSelect 事件
scrollTo	Object	设置水平滚动位置,例如:{x:'100rem'}

选项卡切换是移动开发中一种比较常见的交互形式,下面是使用<TabHeader>组件实现水平选项卡切换的示例,代码如下:

```
import {Component, createElement, render} from 'rax';
import TabHeader from 'rax-tabheader';
import ScrollView from 'rax-scrollview';

let styles = {
  container: {
    width: 750,
    height: 80,
  }
};

class Example extends Component {

  render() {
    return (
```

```
    <ScrollView>
      <TabHeader
        style={styles.container}
        dataSource={['tab1', 'tab2', 'tab3', 'tab4', 'tab5']}
        type={'normal-border'}
        itemSelectedStyle={{
          color: 'green'
        }}
        animBuoyStyle={{
          borderColor: 'green'
        }}
      />
    </ScrollView>
  );
 }
}
render(<Example />);
```

使用 npm run start 命令执行上面的代码，然后使用 WEEX 提供的 Playground App 扫描生成的二维码，运行效果如图 5-5 所示。

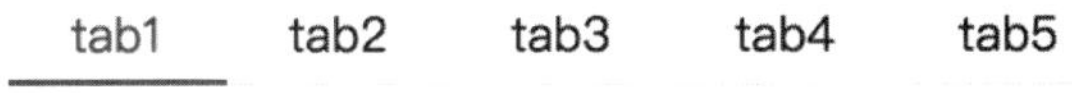

<u>tab1</u>　　tab2　　tab3　　tab4　　tab5

图 5-5　使用 TabHeader 组件实现水平选项卡切换的效果

除了上面的默认方式，<TabHeader>组件还支持其他多种类型的导航栏样式，可以通过设置 type 类型来实现，具体的使用方式如下：

```
<TabHeader type={'dropDown-border-scroll'}/>
```

如图 5-6 所示，使用的是 dropDown-border-scroll 类型的下拉风格的效果。

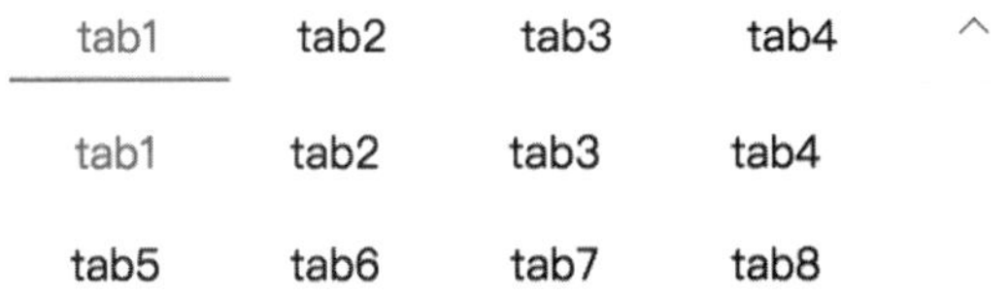

<u>tab1</u>　　tab2　　tab3　　tab4　　∧

tab1　　tab2　　tab3　　tab4

tab5　　tab6　　tab7　　tab8

图 5-6　使用<TabHeader>组件实现下拉功能的效果

除了 dropDown-border-scroll 类型外，type 支持的类型还有如下一些。
- normal-border-scroll：无下拉的展现形式，底边带有指示移动的动画效果。
- icon-bg-scroll：图标展现形式，背景带有移动的动画效果。
- normal-border：不可滚动的 tab 选项，底边带有移动的动画效果。
- icon-bg：带有图标的展现形式，不支持横向滚动，背景带有移动的动画效果。
- icon-border：带有图标的展现形式，不支持横向滚动，背景带有移动的动画效果。

通过合理地处理页面的布局方式，使用<TabHeader>组件还可以实现底部选项卡导航的功能，如图 5-7 所示。

图 5-7　使用<TabHeader>组件实现底部选项卡导航的功能

下面是使用<TabHeader>组件实现底部选项卡切换的示例代码：

```
import {Component, createElement, render} from 'rax';
import View from 'rax-view';
import TabHeader from 'rax-tabheader';
import ScrollView from 'rax-scrollview';

let styles = {
  container: {
    width: 750,
    height: 80,
  },
};

let icon = 'https://img.alicdn.com/tfs/TB1J3O7QXXXXXbIapXXXXXXXXXX-75-75.png';

class Example extends Component {
    onSelect = (index) => {
      console.log('select', index);
    }

    render() {
      return (
        <ScrollView>
          <TabHeader
            style={styles.container}
            dataSource={[
              {text: 'tab1', icon: icon},
              {text: 'tab2', icon: icon},
              {text: 'tab3', icon: icon}
            ]}
            selected={1}
            itemStyle={{
              width: 750 / 3 + 'rem',
              height: 112
            }}
            itemSelectedStyle={{
              color: 'green'
            }}
```

```
          animBuoyStyle={{
            borderColor: 'green'
          }}
          type={'icon-border'}
        />
      </ScrollView>
    );
  }
}

render(<Example />);
```

<TabHeader>组件是 Rax 开发中比较重要的组件之一,使用它时需要注意以下几点。

- 当选项卡导航栏的底部有背景滑块时,不用传入 renderItem、renderSelect 参数。
- 当选择 dropDown-border-scroll 类型时,必须传入 dropDownCols 的 type 值对应的展示类型。

5.3.5 <Tabbar>组件

如果说<TabHeader>组件主要用于实现顶部导航的话,那么<Tabbar>组件就是专门为底部选项卡切换而设计的,如图 5-8 所示。<Tabbar>组件作为一个页面级的导航组件,其外部不需要再嵌套其他组件,因为它本身就是一个容器组件。

图 5-8　使用 <Tabbar>组件实现底部选项卡切换的效果

使用<Tabbar>组件之前,请确保项目已经添加了 rax-tabbar 库依赖,安装命令如下:

```
npm install rax-tabbar --save
```

要使用<Tabbar>组件实现选项卡切换的功能,需要与<Tabbar.Item>组件配合使用来实现。<Tabbar>和<Tabbar.Item>组件支持的属性分别如表 5-4 和表 5-5 所示。

表 5-4   <Tabbar>组件支持的属性

名称	类型	描述
horizontal	Boolean	是否出现水平滚动条
position	String	导航条的相对位置
style	styleObject	Tabbar 的显示样式
autoHidden	Boolean	是否隐藏 Tabbar 模块
barTintColor	Color	导航条的背景色
style	Style	附加在导航条上的样式
tintColor	Color	选中 Tab 的文案颜色

表 5-5   <Tabbar.Item>组件支持的属性

名称	类型	描述
title	String	选中项的文案
style	styleObject	附加在 item 上的样式
icon	String	图标的 URL
selectedIcon	String	选中状态图标的 URL
iconStyle	styleObject	图标的样式
selectedStyle	styleObject	Tab 选中状态图标的样式
selected	Boolean	是否选中
badge	String	消息角标
href	String	点击当前项打开一个页面
onPress	Function	选中时的回调函数,处理 HTML5 中页面的切换

例如,下面是使用<Tabbar>组件,配合<Tabbar.Item>子组件实现底部选项卡导航和切换的

示例：

```
class TabBarExample extends Component {
    state = {
      selectedTab: '首页',
      notifCount: 0,
      presses: 0,
    };

    _renderContent(pageText, num) {
      return (
        <View style={styles.tabContent}>
          <Text style={styles.tabText}>{pageText} renders of the{num}</Text>
        </View>
      );
    }

    render() {
      return (
        <Tabbar position="bottom">
          <Tabbar.Item
            style={styles.tabStyle}
            title="首页"
            selected={this.state.selectedTab === '首页'}
            onPress={() => {
              this.setState({
                selectedTab: '首页',
              });
            }}>
            {this._renderContent('首页', 0)}
          </Tabbar.Item>
          //省略热门 Tab
          <Tabbar.Item
            style={styles.tabStyle}
            title="我的"
            selected={this.state.selectedTab === '我的'}
            onPress={() => {
              this.setState({
                selectedTab: '我的',
                presses: this.state.presses + 1
              });
            }}>
            {this._renderContent('我的', this.state.presses)}
          </Tabbar.Item>
        </Tabbar>
```

```
      );
    }
}

let styles = {
  tabContent: {
    flex: 1,
    alignItems: 'center',
    backgroundColor: 'red',
    height: 50
  },
  tabStyle: {
    width: 750 / 3 + 'rem',
    height: 100
  },
  tabText: {
    margin: 50,
  },
};

render(<TabBarExample />);
```

5.3.6 \<Switch>组件

\<Switch>是 Rax 提供的开关选择器,主要用于实现开和关的状态切换,它由开和关两种状态构成。\<Switch>组件的用法比较简单,只需要监听 onValueChange()函数即可获取组件的当前状态,进而执行相应的操作。\<Switch>组件支持的属性和方法如表 5-6 所示。

表 5-6　\<Switch>组件支持的属性和方法

名称	类型	描述
onTintColor	String	设置开关打开的背景色
tintColor	String	设置开关关闭时的背景色
thumbTintColor	String	设置开关圆形按钮的背景色
disabled	Boolean	设置开关是否可用,默认为 true
value	Boolean	设置开关的状态为开启或关闭
onValueChange	Function	开关状态切换时的回调函数

下面是使用\<Switch>组件实现开关状态切换的示例,示例代码如下:

```
import {createElement, Component, render} from 'rax';
import View from 'rax-view';
import Switch from 'rax-switch';

const styles = {
  container: {
    width: 750,
    flexDirection: 'row'
  }
};

class App extends Component {
  state = {
    trueSwitchIsOn: true,
    falseSwitchIsOn: false
  };


  render() {
    return (
      <View style={styles.container}>
        <Switch
          onTintColor="green" tintColor="#ffffff" thumbTintColor="blue"
          onValueChange={(value)    =>    this.setState({falseSwitchIsOn: value})}
          value={this.state.falseSwitchIsOn} />

        <Switch
          onValueChange={(value)    =>    this.setState({trueSwitchIsOn: value})}
          value={this.state.trueSwitchIsOn} />
      </View>
    );
  }
}

render(<App />);
```

使用 npm run start 命令执行上面的代码,然后使用 WEEX 提供的 Playground App 扫描生成的二维码,运行效果如图 5-7 所示。

图 5-7 使用<Switch>组件实现开关切换的效果

5.3.7 <Slider>组件

<Slider>是 Rax 提供的轮播组件,可以在页面中以横向滚动的方式展现视图内容,如图 5-8 所示。使用<Slider>组件之前,请确保项目已经添加了 rax-slider 库依赖,安装命令如下:

```
npm install rax-slider --save
```

同时,<Slider>作为一个容器组件,轮播的内容是相互独立的,前后页面在内容和数据上都不存在任何逻辑关系。

图 5-8　使用<Slider>组件实现轮播效果

<Slider>组件提供了诸多的方法和属性,支持的属性如表 5-7 所示。

表 5-7　<Slider>组件支持的属性

属性名	类型	说明
width	String	Slider 的宽度
height	String	Slider 的高度
autoPlay	Boolean	Slider 是否自动播放
showsPagination	Boolean	是否显示分页的小圆点
paginationStyle	Object	自定义指示点样式
loop	Boolean	是否循环播放
index	Number	指定轮播组件的默认值
autoPlayInterval	Number	自动播放的间隔时间

需要说明的是,在 Web 环境中<Slider>组件默认使用懒加载来加载页面,所以不需要再为

图片添加 lazyload 懒加载属性。除了上面介绍的属性，<Slider>组件还支持几个比较重要的方法，如表 5-8 所示。

表 5-8 <Slider>组件支持的方法

方法名	参数	说明
onChange	none	轮播滚动时的回调函数
slideTo	index	滚动到指定的视图

下面是使用<Slider>组件实现图片轮播效果，并使用 onChange()来监听滚动过程的示例：

```
import {Component, createElement, render } from 'rax';
import View from 'rax-view';
import Image from 'rax-image';
import Slider from 'rax-slider';

class App extends Component {
  onchange = (index) => {
    console.log('change', index);
  }

  render() {
    return (
      <Slider className="slider" width="750rem" height="500rem" style={styles.slider}
        autoPlay={true}
        loop={true}
        showsPagination={true}
        paginationStyle={styles.paginationStyle}
        autoPlayInterval={3000}
        onChange={this.onchange}>
        <View style={styles.itemWrap}>
          <Image style={styles.image} source={{uri: '图片地址1'}} />
        </View>
        <View style={styles.itemWrap}>
          <Image style={styles.image} source={{uri: '图片地址2'}} />
        </View>
        <View style={styles.itemWrap}>
          <Image style={styles.image} source={{uri: '图片地址3'}} />
        </View>
      </Slider>
    );
  }
}
```

```
let styles = {
  slider: {
    width: 750,
    position: 'relative',
    overflow: 'hidden',
    height: 500,
    backgroundColor: '#cccccc'
  },
  itemWrap: {
    width: 750,
    height: 500
  },
  image: {
    width: 750,
    height: 500
  },
  //指示点样式
  paginationStyle: {
    position: 'absolute',
    width: 750,
    height: 40,
    bottom: 20,
    left: 0,
    itemColor: 'rgba(255, 255, 255, 0.5)',
    itemSelectedColor: 'rgb(255, 80, 0)',
    itemSize: 16
  }
};

render(<App />);
```

5.4 本章小结

　　WEEX 的应用程序结构是解耦的，渲染引擎与语法也是分开的，因此不需要再依赖任何特定的前端框架，目前支持 Vue.js 和 Rax 两个前端框架。作为 WEEX 内置的两个前端框架之一，Rax 从一开始就得到了 WEEX 的支持，并且 Rax 是一款基于 React 标准实现的跨容器解决方案，所以对于熟悉 React 的开发者来说，使用 Rax 开发 WEEX 应用程序也不会存在任何技术障碍。

　　本章主要从环境搭建、事件处理、样式和基础组件这 4 个方面来介绍 Rax 框架，如果读者已经熟练使用 React 前端框架，那么使用 Rax 来开发 WEEX 应用将是一个不错的选择。

第 6 章
Vue.js 框架详解

6.1 Vue.js 简介

近年来,随着前端行业的快速发展,一时间涌现出了一大批优秀的前端框架,比较著名的有 Angular、React 和 Vue.js 等。时至今日,Vue.js 已经成为最受欢迎的前端框架之一。

Vue.js 是一套用于构建用户界面的渐进式框架,主要用于快速构建前端界面,与其他大型的前端框架不同,Vue.js 被设计为可以自底向上逐层应用。

与 Angular 相比,Vue.js 的核心库只关注视图层,不仅易于上手,还便于与第三方库或既有项目整合,是初创项目的前端首选框架。另一方面,当与现代化的工具链以及各种支持类库结合使用时,Vue.js 也完全能够为复杂的单页应用提供驱动。

作为一个用于构建用户界面的前端库,Vue.js 本身就具有响应式编程和组件化的诸多优点。所谓响应式编程,是一种面向数据流和变化传播的编程范式,可以在编程语言中很方便地表达静态或动态的数据流,而相关的计算模型会自动将变化的值通过数据流进行传播。

响应式编程在前端开发中得到了大量的应用,在大多数前端 MVX 框架中都可以看到它的影子。相较于 Angular 和 React,Vue.js 并没有引入太多的新概念,只是对已有的概念进行了精简。并且,Vue.js 很好地借鉴了 React.js 的组件化思想,使应用开发变得更加容易,真正实现了模块化开发。

相比于 Angular 和 React,Vue.js 一直以轻量级、易上手而令人称道。MVVM 的开发模式也使前端从传统的 DOM 操作中解放出来,开发者不需要再把时间浪费在对视图和数据的维护上,只需要关注数据的变化即可。并且,Vue.js 的渲染层基于轻量级的虚拟 DOM 实现,在大多数的场景下初始化速度和内存使用性能都提高了 2~4 倍。同时,越来越多的移动客户端也开始支持使用 Vue.js 进行开发。可以预见,使用 Vue.js 打造三端一致的原生应用将变成可能。

作为一个新兴的前端框架,Vue.js 大量借鉴和参考了 Angular 和 React 等优秀的前端框架。

而在版本支持上，Vue.js 抛弃了对 IE8 的支持，对移动端的支持也有一定的要求，也就是说使用 Vue.js 进行移动跨平台开发时需要高于 Android 4.2 和 iOS 7 版本的平台支持。

如果读者开发的是一个前后端分离的项目，或者是一个创业项目，想打造三端一致的原生体验，那么 Vue.js 将是一个不错的选择。

6.2 Vue.js 快速入门

6.2.1 搭建环境

和其他前端开发一样，Vue.js 的开发环境也需要 Node.js、npm 和 webpack 等工具的支持。其中，Node.js 就是运行在服务器端的 JavaScript；npm 是一个包管理工具，用来管理 Vue.js 项目所依赖的包；而 webpack 则是前端常用的模块化打包工具，用于将 JavaScript 代码或者其他静态文件进行分析和压缩，最终合并打包成浏览器可以识别的代码。

使用 Vue.js 进行开发前，请确保已经安装了 Node.js、npm 和 webpack 等工具，如果没有安装，则可以使用下面的方式来安装。

安装 Node.js

安装 Node.js 有多种方式，最简单的方式是直接从 Node.js 官网下载可执行文件进行安装。如果是 macOS 系统，还可以使用 Homebrew 进行安装，安装的命令如下：

```
brew install node
```

通常，安装 Node.js 后 npm 包管理工具也会随之安装。安装完成后，可以使用 node -v 命令来检测是否安装成功。

安装 webpack

webpack 是前端常用的模块化打包工具，安装命令如下：

```
npm install webpack --save
```

安装 vue-cli

vue-cli 是 Vue.js 的脚手架命令行工具，安装命令如下：

```
npm install -g @vue/cli
yarn global add @vue/cli-init          //全局安装
```

接下来，就可以使用 vue-cli 脚手架工具提供的 vue create 命令来初始化一个 Vue.js 项目了，如下所示：

```
vue create <template-name> <project-name>
```

从 Vue.js 3.0 版本开始，Vue.js 将初始化 Vue.js 项目的命令由 init 改为 create，template-name 是 vue-cli 官方为开发者提供的内置模板，Vue.js 一共提供了如下 5 种内置模板。

- webpack：由 webpack+vue-loader 实现的功能全面的模板，支持的功能包括热加载、linting 检测和 CSS 扩展。
- webpack-simple：由 webpack+vue-loader 实现的简单模板，用于快速搭建 Vue.js 开发环境。
- browserify：由 browserify+vueify 实现的功能全面的模板，支持的功能包括热加载、linting 和单元检测。
- browserify-simple：由 browserify+vueify 实现的简单模板，用于快速搭建 Vue.js 的开发环境。
- simple：一个最简单的单页应用模板。

除了可以使用命令行方式创建 Vue.js 项目，还可以使用 WebStorm 等可视化开发工具来创建 Vue.js 项目，如图 6-1 所示。

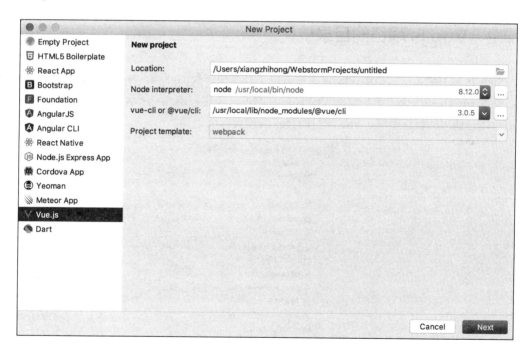

图 6-1　使用 WebStorm 创建 Vue.js 项目

然后，在项目目录下使用 npm run dev 命令来启动 Vue.js 项目，即可看到如图 6-2 所示的欢迎页面。

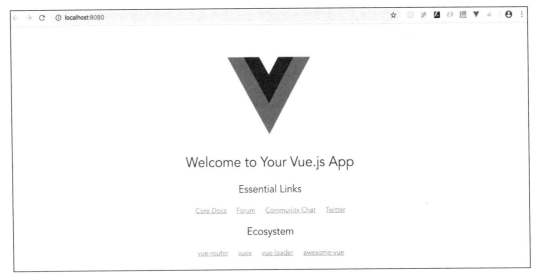

图 6-2　Vue.js 项目的欢迎页面

6.2.2　Vue.js 项目的目录结构

vue-cli 脚手架工具为搭建 Vue.js 项目提供了开发所需要的环境，为项目构建省去了很多精力，使用 vue-cli 脚手架工具构建的 Vue.js 项目的目录结构如图 6-3 所示。当然，由于版本和项目初始化时使用的模板不同，Vue 项目的目录结构会有所差异。

图 6-3　Vue 项目的目录结构

相比于 vue-cli 2.x 版本来说，vue -cli 3.0 项目的目录结构则明显简洁很多，下面是使用 vue -cli 3.0 构建的 Vue.js 项目的相关文件的具体说明。

- node_modules：项目依赖的第三方模块。
- public：移除 static 目录，新增 public 目录，该目录主要用于存放图片、字体等静态资源和打包后的文件。
- src：主要用于存放资源文件和源代码的目录。
- babelrc：将 ES6 代码转换成浏览器能够识别的代码工具。
- editorconfig：定义项目的编码规范，优先级高于编译器设置的优先级。
- index.html：项目入口文件，可以配置 meta 信息或统计代码等。
- package.json：项目配置文件，主要定义了项目所需要的各种依赖模块和项目配置信息。
- package-lock.json：此文件用于锁定所有模块的版本号，包括主模块和所有依赖的子模块。当执行 npm install 命令安装依赖库时，Node.js 会从 package.json 文件中读取模块名称，并从 package-lock.json 文件中获取版本号。
- webpack.config.js：webpack 在进行模块化打包时的一些配置。

需要说明的是，在初始化项目时系统会默认生成 package.json 和 package-lock.json 两个配置文件，它们的区别在于 package.json 只能锁定大版本号，而 package-lock.json 则能锁定安装包的版本号，以保证多人开发时项目版本号的一致。

同时，Vue.js 在 3.0 版本删除了 static 目录，并新增了 public 目录，该目录主要用于存放不被 webpack 处理的文件和资源。除此之外，与项目相关的代码基本上都被放在 src 目录下，系统在初始化项目时会默认生成 assets、components、App.vue 和 main.js 这 4 个文件。

- assets：存放一些静态资源，如图片和静态数据等静态资源。
- components：项目的组件文件，用于存放和业务无关的组件。
- App.vue：项目入口文件，用于存在程序的首页信息。
- main.js：程序入口文件，用于加载各种公共组件。

直到本书截稿时，Vue.js 3.0 还处于开发阶段，不过开发者仍然可以通过 vue-cli 3.0 版本来了解 Vue.js 的一些新特性。相信在不久的将来，Vue.js 3.0 一定能够给开发者带来惊艳的新功能。

6.2.3 Vue.js 实例

其实，前端框架无论如何变化，它的基本任务都还是模板渲染、数据绑定和处理用户事件，只不过实现的方式和理念略有不同。Vue.js 作为一个以数据驱动和组件化思想构建的 MVVM 前端框架，虽然没有完全遵循 MVVM 模型，但是其设计思路深受 MVVM 模型思想的启发，一个 Vue.js 实例本质上就是 MVVM 模型的 ViewModel。

Vue.js 通过 new Vue() 的方式来声明一个 Vue.js 实例，当创建一个 Vue.js 实例时，可以传入一个选项对象，该对象包括数据、模板、挂载元素和生命周期钩子函数等选项，如下所示：

```html
<html>
<head>
   <meta charset="utf-8">
   <title>Vue 入门与实战</title>
   <script src="../src/vue/vue.js"></script></head>
<body>
<div id="app">
   <p>{{ message }}</p>
</div>

<script>
   import {Vue} from "vue";
   new Vue({
       el: '#app',
       data: {
           message: 'Hello Vue.js!'
       }
   })
</script>
</body>
</html>
```

如上所示，一个 Vue.js 应用就是由一个通过 new Vue()的方式创建的根 Vue.js 实例，以及可选的、嵌套的、可复用的组件树组成的。

6.2.4 模板

Vue.js 使用基于 HTML 的模板语法，允许开发者声明式地将 DOM 绑定到底层的 Vue.js 实例上。所有 Vue.js 的模板本质上就是 HTML，所以能被遵循规范的浏览器和 HTML 解析器解析。

Vue.js 的核心是使用简洁的模板语法声明式地将数据渲染到 DOM 系统上，并结合响应系统，在应用状态发生改变时，能够智能地计算出重新渲染组件的最小代价并应用到 DOM 操作上。

选项对象中影响模板的选项有 el 和 template。其中，el 的作用是为 Vue.js 实例提供一个挂载元素，这个元素的目标可以是 CSS 选择器，也可以是一个原生的 DOM 元素。在实例被挂载之后，可以通过 vm.$el 来访问该元素，如果实例化时存在 el 选项，则实例将立即进入编译过程。template 的作用是使用模板替换挂载的元素，即 el 值对应的元素，并合并挂载元素和模板根节点的属性。需要说明的是，出于安全方面的考虑，应避免使用其他人生成的内容作为自己的模板。

在开发实际项目时，为了提高代码的阅读性和应用的整体性能，通常并不会把所有的 HTML 都写在一个 JavaScript 文件中，而是根据业务进行合理拆分。所以经常会看到使用'#tp1'引入外部模板的情况，并在<body>中添加诸如<script id="tp1" type="text/x-template">这样的标签表示包含的具体模板，从而将 HTML 从 JavaScript 中分离出来，实现页面和逻辑的分离，如下所示：

```
<body>
```

```html
    <div id="app">
      <script id="tp1" type="text/x-template">
        <div>
          <p>Hello Vue!</p>
        </div>
      </script>
    </div>
    <script>
      var vm=new Vue({
   el: '#app',
   template: '#tp1'
 })
    </script>
</body>
```

6.2.5 数据

Vue.js 实例可以通过 data 属性来定义数据,这些数据可以在实例对应的模板中绑定和使用,当 data 属性的值发生改变时,视图也会产生相应的响应,即匹配更新为新的值。如果传入的 data 是一个对象,则 Vue.js 实例会代理 data 对象中的所有属性,而不会对传入的对象进行深拷贝。当然,也可以引用 Vue.js 实例 vm 中的 data 来获取声明的数据,如下所示:

```
var data = { a: 1 }

var vm = new Vue({
  data: data
})

vm.a == data.a    // true
vm.a = 2
data.a            // 2

//反之亦然
data.a = 3
vm.a              // 3
```

值得注意的是,只有初始化时传入的对象才是响应式的,也就是说,如果在初始化完成后再添加一个新的属性,那么当属性的值发生改变时将不会触发任何视图上的更新。

如果需要在实例化之后加入响应式变量,则可以调用实例的$set,如下所示:

```
vm.$set('b',2);
```

不过并不推荐这么做,这样做会造成代码在编译阶段产生异常。最好的处理方式是在对象初始化的时候把所有的变量都设置好,如果没有默认值,则可以使用 undefined 或 null 来占位,如下所示:

```
data: {
  newTodoText: '',
```

```
    visitCount: 0,
    hideCompletedTodos: false,
    todos: [],
    error: null
}
```

另外,组件类型的实例可以通过 props 进行获取,同 data 属性一样,组件实例也需要在初始化时预设好数据。除了 data 属性,Vue.js 实例还暴露了一些有用的实例属性与方法,它们都有一个$前缀,以便与用户定义的属性区分开来,如下所示:

```
var data = { a: 1 }
var vm = new Vue({
  el: '#example',
  data: data
})

vm.$data === data        // => true
vm.$el === document.getElementById('example')   // => true
// $watch是一个实例方法
vm.$watch('a', function (newValue, oldValue) {
})
```

6.2.6 方法

在 Vue.js 中,可以通过 methods 对象来定义方法,并使用 v-on 指令来监听 DOM 事件,如下所示:

```
<template>
  <div >
    <button v-on:click="item+=1">onclick</button>  //v-on 可以简写为@
    <div>{{item}}</div>
  </div>
</template>

<script>
    export default {
       name: 'alert',
       data () {
           return {
               item:1
           }
       }
    }
</script>
```

除了使用内置的事件处理指令,Vue.js 还支持自定义事件,可以在初始化实例的时候传入 events 对象,然后使用实例的$emit 方法进行触发。这种情况经常出现在父子组件的通信过程中,也就是说父组件通过 props 把数据传给子组件,而子组件则通过$emit 方法来触发父组件的自定义事件。

不过，Vue.js 在 2.0 版本废弃了 events 对象，并且也不再支持事件的广播方式，而是推荐使用全新的$on 和$emit 来监听自定义事件。

6.2.7 生命周期

所谓生命周期，就是指 Vue.js 实例从创建到运行再到销毁的过程中，总会伴随着各种各样的事件，这些事件就被称为组件的生命周期，而通常所说的生命周期钩子，只不过是生命周期事件的别名而已。通常，每个 Vue.js 实例在被创建之前都要经过一系列的初始化过程，具体包括配置数据观测、编译模版、挂载实例到 DOM 和更新 DOM 等。同时，在此过程中可以运行一些定义好的生命周期钩子函数来运行业务逻辑，如下所示：

```
new Vue({
  data: {
    a: 1
  },
  created() {
    console.log(' created ')
  }
})
```

运行上面的实例，浏览器的 console 面板将会打印出 created 字符串。图 6-4 所示的是 Vue.js 官方给出的生命周期示意图，通过这些生命周期钩子函数，开发者可以根据实际情况在相关的生命周期钩子函数中执行某些业务逻辑。

Vue.js 中的生命周期大体可以被分为创建、运行和销毁 3 个阶段，涉及如下一些生命周期钩子函数。

- beforeCreate()：实例刚被创建，此时数据观测、事件配置还未初始化。
- created()：在实例创建完成之后被立即调用，此时已完成数据绑定和事件配置，但尚未生成 DOM。
- beforeMount()：在 DOM 编译/挂载之前被调用，且在服务器端渲染期间不能被调用。
- mounted()：在挂载之后被调用，在服务器端渲染期间不能被调用。
- beforeUpdate()：在实例挂载之后，数据更新时被调用，此时 DOM 结构尚未完成更新。
- updated()：在实例挂载之后，实例和 DOM 结构更新完成之后被调用。
- activated()：实例被激活时被调用，用于重复激活一次实例，需要配合 keep-alive 属性使用。
- deactivated()：实例被移除时被调用，需要配合 keep-alive 属性使用。
- beforeDestroy()：实例销毁之前被调用，此时实例仍然可用。
- destroyed()：实例销毁之后被调用，此时所有的绑定、事件监听器都被移除，所有的子实例也被销毁。
- errorCaptured()：Vue.js 2.5.0 版本新增的生命周期钩子函数，当捕获来自子孙组件的错误时被调用。

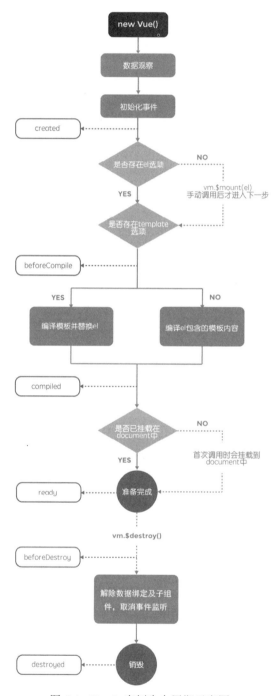

图 6-4　Vue.js 实例生命周期示意图

为了更好地理解 Vue.js 实例的生命周期，下面通过一个简单的示例程序来说明：

```html
<html>
<head>
    <script src="../src/vue/vue.js"></script>    //引入 Vue.js
</head>
<body>
<div id="app">
    <p>{{ message }}</p>
    <button @click="updateMsg">updateMsg</button>
    <button @click="destroy">destroy</button>
</div>
</body>

<script>
    var app = new Vue({
        el: '#app',
        data: {
            message: "hello world",
            currentView: 'dt1'
        },
        methods: {
            updateMsg() {
                this.message = "i be clicked";
            },
            destroy() {
                app.$destroy();
            }
        },
        beforeCreate() {
            console.log('beforeCreate');
        },
        created() {
            console.log('created');
        },
        beforeMount() {
            console.log('beforeMount');
        },
        mounted() {
            console.log('mounted');
        },
        beforeUpdate() {
            console.log('beforeUpdate');
        },
        updated() {
            console.log('updated');
        },
```

```
        activated() {
            console.log('activated');
        },
        deactivated() {
            console.log('deactivated');
        },
        beforeDestroy() {
            console.log('beforeDestroy');
        },
        destroyed() {
            console.log('destroyed');
        }
    })
</script>
</html>
```

运行上面的代码,在浏览器控制台 console 面板中会看到如图 6-5 所示的输出结果。

```
beforeCreate
created
beforeMount
mounted
beforeUpdate
updated
beforeDestroy
destroyed
```

图 6-5　Vue.js 实例生命周期示例的输出结果

6.3　基础特性

6.3.1　数据绑定

众所周知,在传统的 Web 应用开发中,视图是通过后端的模板引擎根据数据来渲染的,例如 PHP 的 smarty 和 Java 的 freemarker。但是,这也导致了前后端语法混乱、数据与视图需要手动维护等问题。不过,随着前后端分离概念的提出和大前端的发展,网站的架构也变得越来越清晰,开发效率明显提高。

数据绑定就是将页面的数据和视图关联起来的过程,当数据发生变化时视图可以自动更新。Vue.js 框架的核心就是一个响应式的数据绑定系统,当数据和视图建立绑定关系后,开发者无须再手动维护 DOM 就可以完成视图的更新,代码也更加简洁易懂,开发效率得到质的提升。

在 Vue.js 开发中，数据绑定最简单的操作就是文本插值，使用的是 Mustache 语法，即{{}}语法格式。Mustache 语法本质上是 Web 模板引擎的一种，被大量使用在前端框架中，如下所示：
```
<span>Message: {{ msg }}</span>
```
如下所示，Mustache 标签会被相应数据对象的 msg 属性的值替换，当属性发生变化时 DOM 也会随之更新。当然，模板语法也支持单次插值，即首次赋值后更改 vm 实例属性值时不会再引起 DOM 的变化：
```
<span>This will never change: {{* msg }}</span>
```
不过，Vue.js 2.0 版本废弃了{{*}}写法，转而采用更加高效的 v-once 指令。当然，如果要给 HTML 标签设置属性，还可以使用 v-bind 指令。除了支持属性绑定，Vue.js 的数据绑定还支持 JavaScript 表达式绑定。

Vue.js 的绑定表达式就是放在 Mustache 标签内的一段文本内容。在 Vue.js 的绑定表达式操作中，Vue.js 的绑定表达式通常由 JavaScript 表达式和一个或多个可选的过滤器构成，如下所示：
```
{{ number + 1 }}
{{ ok ? 'YES' : 'NO' }}
{{ message.split('').reverse().join('') }}
```
Vue.js 提供了完全的 JavaScript 表达式支持，这些表达式会在所属 Vue.js 实例的数据作用域下作为 JavaScript 语句被解析。不过有个限制条件是，每个绑定都只能包含单个表达式，且不支持 JavaScript 表达式，否则系统会抛出异常，所以下面的语句都是无效的：
```
{{ var a = 1 }}          //这是一条语句，不是一个表达式
{{ if (ok) { return message } }}   //不支持 JavaScript 流控制表达式
```
Vue.js 允许在表达式后添加可选的过滤器，以符号"|"指示，如下所示：
```
{{ message | capitalize }}
```
此处，Vue.js 将表达式 message 的值传递给内置的 capitalize 过滤器，过滤器本质上是一个 JavaScript 函数，会返回字符串的大写值。同时，Vue.js 也支持链式使用多个过滤器，如下所示：
```
{{ message | filterA | filterB }}
```
同时，过滤器也可以接收参数，如下所示：
```
{{ message | filterA 'arg1' arg2 }}
```
过滤器始终以表达式的值作为第一个参数，将带引号的参数视为字符串，将不带引号的参数代入表达式计算。此处，字符串 'arg1' 将被传递给过滤器作为第二个参数，表达式 arg2 的值在计算出来之后作为第三个参数。

需要说明的是，过滤器使用的是管道语法而不是 JavaScript 语法，因此不能在表达式内使用过滤器，只能将其添加到表达式的后面。

6.3.2 模板渲染

所谓模板渲染，就是 Vue.js 获取后端数据后，按照一定的规则将其加载到预定模板的过程。

众所周知，早期的 Web 页面一般由服务器端进行渲染，服务器端的进程从数据库获取数据后，利用后端模板引擎加载数据并生成 HTML，然后通过网络传输到用户的浏览器中，最后被浏览器解析成可见的页面。前端渲染则是指浏览器从后端获取数据后，利用 JavaScript 把数据和 HTML 模板进行组合的过程。

两种渲染方式各有优缺点和适用的场合，需要根据实际情况来选择。为了让开发者有更多的选择，Vue.js 从 2.0 版本开始支持后端渲染。

条件渲染

Vue.js 提供了 v-if、v-else、v-show 和 v-for 条件指令来处理模板与数据之间的逻辑关系。v-if 和 v-else 指令的作用是根据数据值来判断是否需要输出该 DOM 元素，如下所示：

```
<h1 v-if="ok">Yes</h1>
<h1 v-else>No</h1>
```

需要说明的是，v-else 必须紧跟 v-if，否则 v-else 将起不到应有的作用。如果 v-if 绑定的元素包含子元素，则不影响 v-else 的使用，如下所示：

```
<h1 v-if="ok">
   <h1 v-if="in"> in</h1>
   <h1 v-else>out</h1>
</h1>
<h1 v-else>No</h1>
new Vue({
   data:{
      ok:true,
      in:false
   }
})
```

执行上面的代码，输出结果为：

```
<h1>
   <h1>out</h1>
</h1>
```

从 2.1 版本开始，Vue.js 新增了 v-else-if 指令，用来充当 v-if 的 else-if 模块的功能，该指令可以连续使用，如下所示：

```
<div v-if="type === 'A'">
   A
</div>
<div v-else-if="type === 'B'">
   B
</div>
<div v-else-if="type === 'C'">
   C
```

```
</div>
<div v-else>
  Not A/B/C
</div>
```

类似于 v-else 指令，v-else-if 也必须紧跟在 v-if 或 v-else-if 元素之后。除了 v-if 和 v-else，另一个用于条件展示的元素选项是 v-show 指令，如下所示：

```
<h1 v-show="ok">Hello!</h1>
```

同时，v-show 也可以搭配 v-else 指令，用法和 v-if 一致：

```
<h1 v-show="ok">yes</h1>
<h1 v-else>no</h1>
```

与 v-if 不同的是，使用 v-show 元素绑定的值无论是 true 还是 false，均会被渲染并保留在 DOM 中，v-show 只是简单地切换元素的 CSS 属性 display。综上所述，v-if 引起的是 DOM 级别的变化，而 v-show 只是引起样式的变化，因此 v-show 带来的性能消耗要远远低于 v-if。

列表渲染

在 Vue.js 中，v-for 指令主要用于处理列表渲染，即根据接收到的数组内容重复渲染 v-for 绑定的元素及其子元素，如下所示：

```
<html>
<head>
    <script src="../src/vue/vue.js"></script>
</head>
<body>
<ul id="example-1">
    <li v-for="item in items">
        {{ item.message }}
    </li>
</ul>
</body>

<script>
    var example1 = new Vue({
        el: '#example-1',
        data: {
            items: [
                { message: 'Foo' },
                { message: 'Bar' }
            ]
        }
    })
</script>
</html>
```

其中，items 为 data 中的属性名，item 为别名，可以通过 item 来获取当前数组遍历的每个元素。运行上面的代码，输出结果如图 6-6 所示。

- Foo
- Bar

图 6-6 使用 v-for 指令进行简单列表渲染的示例输出结果

除此之外，v-for 内置了 index 变量，可以在 v-for 指令中调用，该变量会输出当前数组元素的索引。同时，v-for 还支持一个可选的第二个参数作为当前项的索引，如下所示：

```
<ul id="example-2">
  <li v-for="(item, index) in items">
    {{ parentMessage }} - {{ index }} - {{ item.message }}
  </li>
</ul>

var example2 = new Vue({
  el: '#example-2',
  data: {
    parentMessage: 'Parent',
    items: [
      { message: 'Foo' },
      { message: 'Bar' }
    ]
  }
})
```

执行上面的代码，输出结果如图 6-7 所示。

- Parent - 0 - Foo
- Parent - 1 - Bar

图 6-7 使用 v-for 指令的 inder 变量进行列表渲染的示例输出结果

6.3.3 事件处理

Vue.js 使用 v-on 指令来监听 DOM 事件，当 v-on 指令作用于普通元素时，只能监听原生 DOM 事件，当作用于自定义组件上时，还可以监听子组件触发的自定义事件。v-on 指令的事件类型由参数指定，并在触发时运行一些 JavaScript 函数，如下所示：

```
<div id="app">
    <button v-on:click="counter += 1">Add Button</button>   //点击+1 操作
```

```
    <p>button add {{ counter }} times.</p>
</div>

var vm = new Vue({
  el: '#app',
  data: {
    counter: 0
  }
})
```

除了可以直接绑定 methods 方法，v-on 指令还支持在内联 JavaScript 语句中调用方法，但仅限一条语句，如下所示：

```
<div id="app">
  <button v-on:click="say('hi')">Say hi</button>
</div>

new Vue({
  el: '# app ',
  methods: {
    say: function (message) {
      alert(message)
    }
  }
})
```

如果要在内联语句处理器中访问原生 DOM 事件，v-on 指令也是支持的。具体来说就是，使用特殊变量 event 把 DOM 事件传入具体的方法即可，如下所示：

```
<div id="app">
<button v-on:click="warn('event', $event)">
    Submit
</button>
</div>

new Vue({
    el: 'app',
    methods: {
        warn: function (message, event) {
            //访问原生事件对象
            if (event) event.preventDefault()
            alert(message)
        }
    }
})
```

当然，同一个元素也可以通过 v-on 指令绑定多个相同的事件函数，依次进行执行，如下所示：

```
<div v-on:click="say('one')"  v-on:click.self="say ('two')">
```

尽管在应用程序中调用 event.preventDefault() 或 event.stopPropagation() 进行原生 DOM 访问是非常常见的方式,但是这种方式显得并不纯粹,为了解决这类问题,Vue.js 为 v-on 指令提供了多个事件修饰符。

- stop:等同于 event.stopPropagation()。
- prevent:等同于 event. preventDefault()。
- capture:使用 capture 模式添加事件监听器。
- self:仅当事件从监听元素本身触发时才触发回调函数。
- once:点击事件只会被触发一次。
- passive:监听滚动事件。

下面是使用事件修饰符处理 DOM 事件的示例:

```
<a v-on:click.stop="doThis"></a>
<form v-on:submit.prevent="onSubmit"></form>    //阻止表单提交事件
<a v-on:click.stop.prevent="doThat"></a>        //阻止默认提交事件与冒泡
<form v-on:submit.prevent></form>
<div v-on:click.capture="doThis">...</div>      //添加事件监听器的事件模式
<div v-on:click.self="doThat">...</div>         //仅当元素自身被触发时才处理回调函数
```

除了事件修饰符,v-on 指令还提供了按键修饰符,用来方便监听键盘事件中的按键事件,如下所示:

```
<input v-on:keyup.13="submit">   //keyCode 为 13 时调用 vm.submit()
```

如上所述,当 keyCode 为 13 时就会调用 vm.submit(),然而记住所有的 keyCode 往往是比较困难的,所以 Vue.js 给所有的常用按键修饰符都取了别名,如 enter、tab、delete、esc、space、up、down、left 和 right 等,如下所示:

```
<input v-on:keyup.enter="submit">
<input @keyup.enter="submit">    //缩写方式
```

当然,开发者也可以通过全局 config.keyCodes 对象来自定义按键修饰符别名,如下所示:

```
Vue.config.keyCodes.f1 = 112     //自定义别名
<input v-on:keyup.f1="submit">
```

除此之外,Vue.js 还在 2.1.0 版本中新增了鼠标和键盘事件的监听器,用于处理键盘按键和鼠标点击事件,这些事件包括 ctrl、alt、shift 和 meta 修饰符触发的事件,如下所示:

```
<input @keyup.alt.67="clear">         // Alt + C
<div @click.ctrl="doSomething">Do something</div>    // Ctrl + Click
```

需要说明的是,meta 在 macOS 系统上对应 command 键,在 Windows 系统上则对应的是 Windows 徽标键。为了控制由系统修饰符组合触发的事件,Vue.js 提供了 exact 修饰符,如下所示:

```
<button @click.ctrl="onClick">A</button>              //Alt 键和 Shift 键被一同按下时触发
<button @click.ctrl.exact="onCtrlClick">A</button>    //只有 Ctrl 键被按下时才触发
<button @click.exact="onClick">A</button>             //没有任何键被按下时才触发
```

6.4 指令

指令作为 Vue.js 的重要组成部分，是一种带有前缀 v-的特殊语法，主要提供一种将数据的变化映射到 DOM 上的行为。Vue.js 作为一个数据驱动的前端框架，开发者并不能直接操作 DOM 结构，而是当数据源发生变化时，指令会依据设定好的操作对 DOM 进行修改，而不需要任何人为的干预，开发人员只需要关注数据的变化即可。

在 Vue.js 开发中，Vue.js 本身提供了大量的内置指令来对 DOM 进行操作，并且 Vue.js 还支持自定义指令，下面就对 Vue.js 开发中一些常见的指令进行介绍。

6.4.1 v-bind 指令

v-bind 指令主要用于给 HTML 标签动态绑定一个或多个 DOM 元素属性，即元素属性的值是由 vm 实例的 data 属性控制的，如下所示：

```
<img v-bind:src="img" />
new Vue({
   data:{
      img: ''
   }
})
```

v-bind 指令支持动态地绑定一个或多个属性，或将一个组件的属性绑定到表达式上。在绑定属性时，Vue.js 支持的对象有 class、style、value 和 href；在绑定 class 对象时，则可以在对象中传入多个属性来实现 class 的动态切换。绑定属性的具体方法如下所示：

```
<!--绑定一个属性-->
<img v-bind:src="imageSrc">

<!--内联字符串拼接 -->
<img :src="'/path/to/images/' + fileName">

<!--class 对象绑定-->
<div :class="{ red: isRed }"></div>
<div :class="[classA, classB]"></div>
<div :class="[classA, { classB: isB, classC: isC }]">

<!-style 样式绑定 -->
<div :style="{ fontSize: size + 'px' }"></div>
<div :style="[styleObjectA, styleObjectB]"></div>

<!-- 绑定有属性的对象 -->
<div v-bind="{ id: someProp, 'other-attr': otherProp }"></div>
```

v-bind 指令支持 3 种类型的修饰符，分别是 prop、camel 和 sync，其作用分别如下。
- prop：用于绑定组件的 DOM 属性，在绑定 prop 时，prop 必须在子组件中声明。
- camel：用于将特定的特性名转换为驼峰命名，只能用于普通的 HTML 属性的绑定，通常会用于 svg 标签的属性中。
- sync：用于对组件的 prop 属性进行双向绑定，即父组件绑定传递给子组件的值，无论哪个组件对其进行修改，其他与之相关的组件值也会随之变化。

不过，Vue.js 在 2.0 版本对 sync 修饰符进行了修改，规定组件之间的值仅能单向传递，如果子组件需要修改父组件的值，则必须通过事件机制来处理。

6.4.2 v-model 指令

v-model 指令主要用于对表单元素进行双向数据绑定，当修改表单元素值时，实例 vm 对应的属性值也会随之更新，反之亦然。v-model 指令可以作用在<input>、<textarea>和<select>组件上，它会根据控件类型自动选取正确的方法来更新元素。

文本

当 v-model 指令作用于输入框元素时，用户的输入内容可以和 vm.message 直接绑定，运行效果如图 6-8 所示。

图 6-8 v-model 指令作用于输入框元素的运行效果

下面是 v-model 作用于输入框的示例代码：

```
<input v-model="message" placeholder="edit me">
<p>Message is: {{ message }}</p>
```

复选框

checkbox 是开发中一种常见的基础组件，Vue.js 的复选框分为单个复选框和多个复选框。单个复选框的 v-model 为布尔类型的值，此时<input>组件的值并不会影响 v-model 的值。

多个复选框的 v-model 使用相同的属性名称，且属性通常为一个数组，效果如图 6-9 所示。

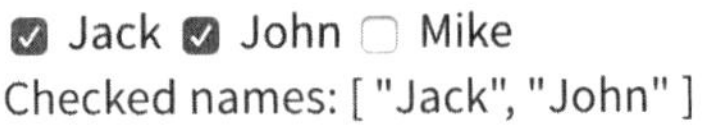

图 6-9 多个复选框的 v-model 示例效果

下面是 v-model 作用于多个复选框的示例代码：

```
<input type="checkbox" id="jack" value="Jack" v-model="checkedNames">
<label for="jack">Jack</label>
<input type="checkbox" id="john" value="John" v-model="checkedNames">
<label for="john">John</label>
<input type="checkbox" id="mike" value="Mike" v-model="checkedNames">
<label for="mike">Mike</label>
<br>
<span>Checked names: {{ checkedNames }}</span>
```

单选按钮

radio 表示单选按钮，当 v-model 作用于单选按钮时，radio 元素的值即为选中元素的值，如下所示：

```
<label><input type="radio" value="One" v-model="picked">One</label>
<label><input type="radio" value="Two" v-model="picked">Two</label>
<span>Picked: {{ picked }}</span>
```

下拉选择框

select 表示下拉选择框，与复选框一样，select 也分为单选和多选两种，多选的时候也需要绑定一个数组。

如果 v-model 表达式的初始值未能匹配任何选项，则 select 元素将被渲染为未选中状态。多选时，v-model 需要绑定一个数组，效果如图 6-10 所示。

图 6-10　v-model 作用于下拉选择框的效果

下面是 v-model 作用于下拉选择框的示例代码：

```
<div id="example-6">
  <select v-model="selected" multiple style="width: 50px;">
    <option>A</option>
    <option>B</option>
    <option>C</option>
  </select>
  <br>
  <span>Selected: {{ selected }}</span>
</div>
```

绑定值

对于单选按钮、复选框及下拉选择框的选项，v-model 绑定的值通常是静态字符串，作用于复选框时也可以是布尔值，如下所示：

```
<input type="radio" v-model="picked" value="a">
<input type="checkbox" v-model="toggle">  // toggle 为 true 或 false
<select v-model="selected">   //作用于下拉选择框
  <option value="abc">ABC</option>
</select>
```

修饰符

Vue.js 的 v-model 指令为表单组件提供了很多有用的参数，方便处理一些常规的操作，常见的有 lazy、number 和 trim。默认情况下，v-model 会在每次触发 input 事件后将输入框的值与数据进行同步，添加 lazy 修饰符后，在 change 事件中进行同步更新，如下所示：

```
<input v-model.lazy="msg" >    //在 change 事件中进行同步更新
```

如果想将用户的输入值转为数值类型，则可以给 v-model 添加 number 修饰符，若输入的值无法完成转换则返回原始的值，如下所示：

```
<input v-model.number="age" type="number">
```

如果要自动过滤用户输入的首尾空白字符，则可以给 v-model 添加 trim 修饰符，如下所示：

```
<input v-model.trim="msg">
```

6.4.3 v-on 指令

v-on 指令主要用于事件绑定，作用于普通元素上时，v-on 指令只能监听原生 DOM 事件，作用于自定义元素组件上时，v-on 指令还可以监听子组件触发的自定义事件，如下所示：

```
<div id="example-1">
    <button v-on:click="onClick">点我</button>
</div>

new Vue({
    el: '#example-1',
    data: {
        msg: 'hello vue'
    },
    methods:{
        onClick:function () {
            alert(this.msg)
        }
    }
})
```

})
```

当然，v-on 指令也支持给元素绑定多个相同的事件函数，依次进行执行，如下所示：

```
<button v-on='{mouseenter:onEnter,mouseleave:onOut}' v-on:click="onClick">
点我</button>

methods:{
   onClick : function(){
      console.log("clicked");
   },
   onEnter : function(){
      console.log("mouseenter");
   },
    onOut : function(){
      console.log("mouseout");
   },
}
```

除此之外，Vue.js 还为 v-on 指令提供了多个修饰符，用来处理一些 DOM 事件的细节问题，且修饰符可以串联使用：

- stop：等价于调用 event.stopPropagation()。
- prevent：等价于调用 event.preventDefault()。
- capture：使用 capture 模式添加事件监听器。
- self：只当事件从监听器绑定的元素本身被触发时才触发回调函数。
- {keyCode|keyAlias}：只当事件从特定键被触发时才触发回调函数。
- native：监听组件根元素的原生事件。
- once：只触发一次回调函数。
- left：仅当点击鼠标左键时才触发回调函数。
- right：仅当点击鼠标右键时才触发回调函数。
- middle：仅当点击鼠标中键时才触发回调函数。
- passive：以 passive 模式添加事件监听器。

下面是 v-on 指令修饰符的具体使用示例：

```
<a v-on:click.stop="doThis"></a>
<form v-on:submit.prevent="onSubmit"></form>    //阻止表单提交事件
<a v-on:click.stop.prevent="doThat"></a>        //阻止默认提交事件与冒泡
<form v-on:submit.prevent></form>
<div v-on:click.capture="doThis">...</div>      //添加事件监听器的事件模式
<div v-on:click.self="doThat">...</div>         //仅当元素自身被触发时才处理回调函数
```

通常，在组件上使用 v-on 指令是为了监听自定义的事件，如果要监听原生事件，则需要使用 native 修饰符，如下所示：

```
<!-- 内联语句 -->
```
```

```
<my-component @my-event="handleThis(123, $event)"></my-component>
<!--监听组件原生事件 -->
<my-component @click.native="onClick"></my-component>
```

6.4.4 v-cloak 指令

v-cloak 指令相当于在元素上添加一个 v-cloak 属性，该指令会一直关联在元素上，直到关联的实例结束编译。该指令还可以和 CSS 规则[v-cloak] { display: none }一起使用，此时可以隐藏未编译的 Mustache 标签直到实例准备完毕，如下所示：

```
[v-cloak] {display: none;}
<div v-cloak>{{ message }}</div>
```

与 Vue.js 1.x 版本不同，Vue.js 2.0 版本不允许将 Vue.js 实例挂载到 body 元素上。要想对整个页面进行实例化，则需要使用一个 p 元素来包裹整个页面的内容。

6.4.5 v-once 指令

v-once 指令主要用于使元素或组件只能被渲染一次，随后绑定数据发生变化或更新时，绑定的元素或组件都不会被再次编译和渲染，有效地避免页面的重复渲染，从而提升页面渲染性能。该指令的示例代码如下所示：

```
<span v-once> {{msg}}</span>           //单个元素
<div v-once><p>{{msg}}</p></div>       //子元素
<my-component v-once :comment="msg"></my-component>    //自定义组件
<ul><li v-for="i in list" v-once>{{i}}</li></ul>    //指令
```

6.4.6 自定义指令

除了内置指令，Vue.js 还支持自定义指令，自定义指令为操作底层 DOM 提供了可能。自定义指令通常涉及指令的创建、注册以及属性钩子函数等概念。

在 Vue.js 中，可以使用 new Vue()创建一个自定义指令，然后使用 Vue.directive()方法来注册一个全局自定义指令。directive()方法接收 id 和 definition 作为参数，id 表示自定义指令的唯一标识，definition 表示指令的相关属性和钩子函数。下面是一个自定义聚焦输入框的例子：

```
new Vue({
Vue.directive('focus', {     //注册一个全局自定义 focus 指令
    inserted: function (el) {
      el.focus()     //聚焦元素
    }
  })
```

除了注册全局指令，Vue.js 也支持使用组件的 directives 选项来注册一个局部指令，如下所示：

```
directives: {     //注册局部指令
  focus: {
    inserted: function (el) {
      el.focus()
    }
  }
}
```

局部指令，只能在当前组件内通过 v-local-directive 的方式来调用，并且自定义的局部指令无法被其他组件调用。在注册自定义指令时可以传入一个自定义对象，用来给指令赋予特殊的功能。该自定义对象提供如下一些常用的钩子函数。

- bind：只被调用一次，在指令第一次绑定到元素时调用。
- inserted：被绑定元素插入父节点时调用。
- update：使指令在 bind 函数之后被调用，之后每次绑定的值发生改变时被调用，update 接收的参数为 newValue 和 oldValue。
- componentUpdated：被绑定元素所在模板完成一次更新时被调用。
- unbind：指令与元素解绑时被调用，只调用一次。

为了让读者对指令周期有一个更加清晰的认识，下面通过自定义指令示例来说明：

```
<div id="app">
    <div v-if="isExist"></div>
    <div v-my-directive="param"></div>
</div>

Vue.directive('my-directive', {
  bind: function (el, binding, vnode) {
      console.log('~~~~~~~~~~bind~~~~~~~~~~');
  },
  update: function (el, binding, vnode, oldVNode) {
      console.log('~~~~~~~~~~update~~~~~~~~~~');
  },
  componentUpdated(el, binding, vnode, oldVNode) {
       console.log('~~~~~~~~~~componentUpdated~~~~~~~~~~');
  },
});

const vm = new Vue({
    el: '#app',
    data: {
    param: 'first',
    isExist: true
```

```
    }
});
```

执行上面的示例代码，在控制台中先后输入 vm.param='second'和 vm.isExist=false，将会看到如图 6-11 所示的输出。

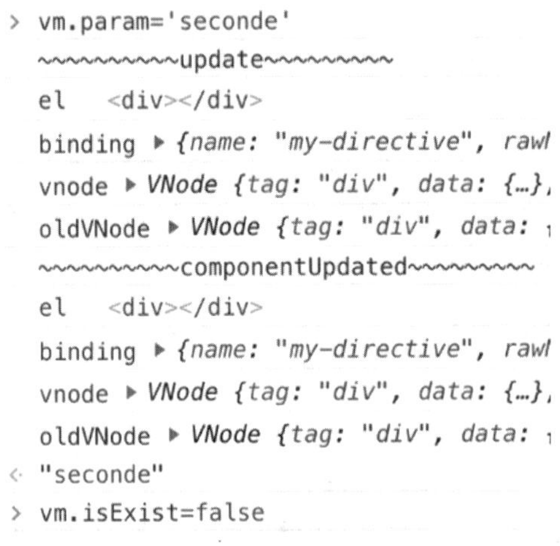

```
> vm.param='seconde'
~~~~~~~update~~~~~~~
el    <div></div>
binding ▶ {name: "my-directive", raw!
vnode ▶ VNode {tag: "div", data: {…},
oldVNode ▶ VNode {tag: "div", data: ₁
~~~~~~componentUpdated~~~~~~
el    <div></div>
binding ▶ {name: "my-directive", raw!
vnode ▶ VNode {tag: "div", data: {…},
oldVNode ▶ VNode {tag: "div", data: ₁
< "seconde"
> vm.isExist=false
```

图 6-11　Vue.js 自定义指令生命周期示例的输出

在上面的示例中，自定义指令 my-directive 绑定的值是 data 中的 param 参数的值。当然，自定义指令的参数还可以是字符串常量、字面修饰符，以及任意合法的 JavaScript 表达式。

除了指令的生命周期，钩子函数的参数也是自定义指令的一个重要内容，在指令的钩子函数内，可以通过 this 来调用指令的实例。下面就详细介绍一下指令钩子函数的一些常见参数。

- el：指令绑定的元素，可以用来直接操作 DOM。
- binding.name：指令的名称，不包括 v-前缀。
- binding.value：指令的绑定值，如 v-my-directive="1 + 1"的绑定值为 2。
- binding.oldValue：指令绑定的前一个值，仅在 componentUpdated 和 update 钩子中可用。
- binding.expression：字符串形式的指令表达式，如 v-my-directive="1 + 1" 中的表达式为 "1 + 1"。
- binding.arg：传递给指令的参数，如 v-my-directive:foo 的参数为 foo。
- binding.modifiers：一个包含修饰符的对象。
- vnode：Vue.js 编译生成的虚拟节点。
- oldVnode：上一个虚拟节点，仅在 update 和 componentUpdated 生命钩子中可用。

为了让读者更加直观地了解这些参数，下面看一个简单的示例：

```
<div id="hook-arguments-example" v-demo:foo.a.b="message"></div>
// script 脚本
```

```
Vue.directive('demo', {
  bind: function (el, binding, vnode) {
    var s = JSON.stringify
    el.innerHTML =
      'name: '       + s(binding.name) + '<br>' +
      'value: '      + s(binding.value) + '<br>' +
      'expression: ' + s(binding.expression) + '<br>' +
      'argument: '   + s(binding.arg) + '<br>' +
      'modifiers: '  + s(binding.modifiers) + '<br>' +
      'vnode keys: ' + Object.keys(vnode).join(', ')
  }
})

new Vue({
  el: '#hook-arguments-example',
  data: {
    message: 'hello!'
  }
})
```

运行上面的代码，将看到如图 6-12 所示的输出结果。

name: "demo"
value: "hello!"
expression: "message"
argument: "foo"
modifiers: {"a":true,"b":true}
vnode keys: tag, data, children, text, elm, ns, context, fnContext, fnOptions, fnScopeId, key, componentOptions, componentInstance, parent, raw, isStatic, isRootInsert, isComment, isCloned, isOnce, asyncFactory, asyncMeta, isAsyncPlaceholder

图 6-12　自定义指令参数的示例输出

通常情况下，自定义指令只接收一个值，如果指令需要传递多个值，则可以传入一个合法的 JavaScript 对象字面量，代码如下所示：

```
<div v-demo="{ color: 'white', text: 'hello!' }"></div>

Vue.directive('demo', function (el, binding) {
  console.log(binding.value.color)    // "white"
  console.log(binding.value.text)     // "hello!"
})
```

6.5 过滤器

6.5.1 过滤器注册

Vue.js 提供了强大的过滤器 API，能够对数据进行各种过滤处理，并根据过滤的条件最终返回需要的结果。过滤器通常出现在 JavaScript 表达式的尾部，由管道符"|"进行标识，其语法格式如下：

```
<any>{{表达式过滤器}}</any>
```

在 Vue.js 中，过滤器可以用在两个地方：双花括号和 v-bind 表达式，如下所示：

```
{{ message | capitalize }}              //用在双花括号中
<div v-bind:id="rawId | formatId"></div>       //用在 v-bind 表达式中
```

如下所示，过滤器函数总是接收表达式的值作为第一个参数，且支持多个过滤器的串联语法，而返回值就是经过处理后的输出值：

```
{{ message | filterA | filterB }}       //过滤器串联
```

如上所示，filterA 被定义为接收单个参数的过滤器函数，表达式 message 的值将作为参数传入函数。然后继续调用同样被定义为接收单个参数的过滤器 filterB，将 filterA 的结果传递到 filterB 中。过滤器本质上是一个函数，因此它可以接收多个参数，如下所示：

```
{{ message | filterA('arg1', arg2) }}     //接收多个参数
```

如上所示，filterA 被定义为接收 3 个参数的过滤器函数，其中 message 的值作为第一个参数，普通字符串'arg1'作为第二个参数，表达式 arg2 的值作为第三个参数。

6.5.2 自定义过滤器

从 Vue.js 2.0 版本开始，Vue.js 不再提供内置的过滤器。取而代之的是自定义过滤器，自定义过滤器可以用在双花括号插值和 v-bind 表达式中，自定义过滤器通常被添加在 JavaScript 表达式的尾部，由管道符标识，如下所示：

```
<!-- 在双花括号中 -->
{{ message | capitalize }}
<!-- 在 v-bind 中 -->
<div v-bind:id="rawId | formatId"></div>
```

自定义过滤器支持在一个组件的选项中进行定义，定义时需要使用 Vue.filter()进行注册，该函数接收过滤器 id 和过滤器函数两个参数，如下所示：

```
filters: {
  capitalize: function (value) {
    if (!value) return ''
```

```
    value = value.toString()
    return value.charAt(0).toUpperCase() + value.slice(1)
  }
}
```

当然，也可以在创建 Vue.js 实例之前定义全局过滤器：

```
Vue.filter('capitalize', function (value) {
  if (!value) return ''
  value = value.toString()
  return value.charAt(0).toUpperCase() + value.slice(1)
})

new Vue({
  // ...
})
```

下面是一个将过滤字符串转换为大写的示例：

```
Vue.filter('capitalize', function (value) {
<div id="app"> <h1>{{ name | Upper }}</h1> </div>

new Vue({
    el: '#app',
    data() {
        return {
            name: 'hello vue!'
        }
    },
    filters: {
        Upper: function (value) {
            return value.toUpperCase()
        }
    }
})
```

6.5.3 过滤器串联

过滤器本质上是一个函数，因而可以根据实际需要给过滤器添加一些参数，过滤器不仅能够接收一对单引号内的参数，还支持接收在 vm 实例中绑定的数据。下面是一个过滤器串联的示例，该示例会对输入的价格进行格式化，并最终以输入的价格保留两位小数并加上美元符号的形式输出。

```
<div id="app"><h1>{{ price | toFixed(2) | toUSD }}</h1></div>

Vue.filter('toFixed', function (price, limit) {
    return price.toFixed(limit)
  })
  Vue.filter('toUSD', function (price){
```

```
            return `$${price}`
        })
        let app = new Vue({
            el: '#app',
            data () {
                return {
                    price: 435.3333
                }
            }
        })
```

运行上面的代码，输入价格 435.3333 后的最终输出结果为：$435.33。

6.6 Vue.js 组件

6.6.1 组件基础

组件，作为 Vue.js 框架最基本的组成部分之一，也是 Vue.js 框架区别于其他框架的一个显著特性。Vue.js 的组件支持对现有 HTML 元素进行扩展，将可重用的代码进行二次封装，还支持组件的自定义 tag 和对原生 HTML 元素的扩展。在 Vue.js 中，Vue.js 组件可以被看成一个可复用的 Vue.js 实例，可以通过 new Vue()来创建 Vue.js 的根实例。例如，下面是创建一个名为 button-counter 新组件的示例代码。

```
Vue.component('button-counter', {
  data: function () {
    return {
      count: 0
    }
  },
  template: '<button v-on:click="count++">You clicked me {{ count }} times.</button>'
})
```

因为组件是可复用的 Vue.js 实例，所以通过 new Vue()方式创建的 Vue.js 实例接收的选项是相同的，包括 data、computed、watch、methods 以及生命周期钩子函数等，而仅有的例外是 el 这样的根实例。

为了让组件实现任意次数复用的功能，一个组件的 data 选项必须是一个函数，因此每个实例可以维护一份被返回对象的独立拷贝，如下所示：

```
data: function () {
  return {
    count: 0
```

```
  }
}
```

然后，就可以使用组件进行任意次数的复用（如下所示），而不会出现相互影响的问题。

```html
<div id="components-demo">
  <button-counter></button-counter>
  <button-counter></button-counter>
  <button-counter></button-counter>
</div>
```

6.6.2 组件扩展

组件化是 Vue.js 开发中一个非常重要的概念，我们可以将一个 Vue.js 页面看成一个根组件，将页面的子元素看成子组件，子组件可以在不同的根组件里被调用。

通常情况下，Vue.js 通过 new Vue()的方式来声明一个根组件，如果要创建可以重复使用的子组件，则可以通过 Vue.js 提供的 Vue.extend(options)来实现。Vue.extend()返回的是一个扩展实例构造器，参数 options 是组件包含的选项对象，该对象和 Vue.js 实例对象的参数基本一致，不过参数 data 是个特例，在 Vue.extend()中参数 data 必须是一个函数，如下所示：

```html
<div id="mount-point"></div>

data: function () {
var Profile = Vue.extend({
  template: '<p>{{firstName}} {{lastName}} aka {{alias}}</p>',
  data: function () {
    return {
      firstName: 'Walter',
      lastName: 'White',
      alias: 'Heisenberg'
    }
  }
})
new Profile().$mount('#mount-point')   //创建 Profile 实例，并挂载到元素上
```

执行上面的代码，输出结果为：Walter White aka Heisenberg。

6.6.3 组件注册

使用 Vue.extend()创建的组件必须进行注册才能被 Vue.js 识别，Vue.js 提供了两种组件的注册方式：全局注册和局部注册。

全局注册必须确保在根实例初始化之前注册，这样才能保证组件在任意实例中被使用。全局注册的语法格式如下：

```
Vue.component('tag-name',{ })        //全局注册语法格式
```
其中，tag-name 表示组件注册时的名字。组件注册成功后，就可以在模块中以自定义元素 <tag-name> 的形式使用该组件了。需要注意的是，所有组件必须写在根实例之前才会生效，即 Vue.component()必须写在 var vm=new Vue()语句之前。下面是一个使用 Vue.component()注册全局组件的示例：

```
<div id="app"><com-btn></com-btn></div>
//点击按钮实现数字累加
<script>
   Vue.component('com-btn',{
      data:function(){
         return{
            num:0,
         }
      },
      template:`<button v-on:click='change'>点我{{num}}次</button>`,
      methods:{
         change:function(){
            this.num += 1;
         }
      }
   })
   var vm = new Vue({
      el:'#app',
      data:{
      },
   })
</script>
```

有时候，全局注册并不是最理想的组件注册方式，比如使用 webpack 构建的项目会额外下载下来某些不需要的组件。而局部注册则限定了使用的范围，局部注册的组件只能在被注册的组件内部使用，而无法在其他组件中使用，因而有了它特定的使用场景。局部注册的语法格式如下：

```
var Child = {
  template: '<div>A custom component!</div>'
}
var Parent=new Vue({
  components: {
    'my-component': Child   // <my-component>只在父模板中可用
  }
})
```

由于局部注册的组件存在使用范围限制，因此局部注册的组件在其他子组件中不可用。例如，还是上面点击按钮实现数字累加的例子，使用局部注册的实现方式如下：

```
<div id="app"><com-btn></com-btn></div>
```

```
<script>
    var childcom ={
        data:function(){
            return{
                num:0,
            }
        },
        template:`<button v-on:click='change'>点我{{num}}次</button>`,
        methods:{
            change:function(){
                this.num += 1;
            }
        }
    }
    var vm = new Vue({
        el:'#app',
        data:{
            //…
        },
        components:{
            'com-btn':childcom,
        }
    })
</script>
```

6.6.4 组件选项

选项 props 是组件中一个非常重要的概念，是父子组件之间传递数据的桥梁。在 Vue.js 开发中，组件实例的作用域是孤立的，也就是说不能在子组件的模板内直接调用父组件的方法和数据。要让子组件使用父组件的数据，可以通过 props 选项将数据传递给子组件，如下所示：

```
Vue.component('blog-post', {
  //选项 props 的命名需要遵循驼峰命名法
  props: ['postTitle'],
  template: '<h3>{{ postTitle }}</h3>'
})
<blog-post post-title="hello!"></blog-post>
```

需要说明的是，由于 HTML 的特性是不区分大小写的，所以浏览器会把所有大写字符解释为小写字符。也就是说，使用 DOM 中的模板时，使用驼峰命名法命名的属性名需要使用其等价的短横线分隔命名方式进行命名。

除了上面介绍的静态数据传递方式，Vue.js 的组件也支持通过 v-bind 方式进行动态赋值，如下所示：

```
<!-- 动态赋予一个变量的值 -->
<blog-post v-bind:title="post.title"></blog-post>
<!-- 动态赋予一个复杂表达式的值 -->
<blog-post v-bind:title="post.title + ' by ' + post.author.name"></blog-post>
```

需要说明的是,除了字符串类型,实际上任何类型的值都可以通过选项 props 进行传递,并且使用时还需要根据实际情况合理定义传递数据的类型。

在动态绑定中,v-bind 指令提供了多种修饰符来进行不同方式的绑定。在 Vue.js 中,props 绑定默认是单向的,即父组件的 props 更新会触发子组件的更新,但是反过来则不行。也就是说,父级组件每次更新时,子组件中所有的 props 都将会自动刷新为最新值,而不需要其他人为干预。

在 Vue.js 中,主要有两种常见的场景需要改变 prop:一种是使用 prop 来传递一个初始值并将其作为本地的 props 数据来使用,另一种是 props 作为原始值传入且需要进行转换。

在开发第三方组件时,为了让使用者更加准确地使用组件,Vue.js 组件可以指定 props 验证要求。使用 props 验证的时候,props 接收的参数为一个 JSON 对象,而不仅仅是一个字符串数组,如下所示:

```
Vue.component('my-component', {
  props: {
    propA: Number,                    //基础的类型检查
    propB: [String, Number],          //多个可能的类型检查
    propC: {                          //必填字符串检查
      type: String,
      required: true
    },
    propD: {                          //带有默认值的数字
      type: Number,
      default: 100
    },
    propE: {                          //带有默认值的对象
      type: Object,
      default: function () {
        return { message: 'hello' }
      }
    },
    propF: {                          //自定义验证函数
      validator: function (value) {
        return ['success', 'warning', 'danger'].indexOf(value) !== -1
      }
    }
  }
})
```

Vue.js 提供的 prop 验证方式有很多种,常见的验证方式有如下一些。

- 基础类型检测:接收的参数为原生构造器,包括 String、Number、Boolean、Function、

Object、Array 和 Symbol，且参数可以为 null，如 prop:Number。
- 多种可能类型：允许参数为多种类型之一，如 prop: [String,Number]。
- 必填类型：参数必须包含某种类型，如 prop:{type: String, required: true}的参数必须包含且只能包含 String 类型。
- 默认类型：参数默认值的类型，如 prop:{type: Number,default: 100}的参数默认值为 100，为数字类型。需要说明的是，如果默认值的类型为数组或对象，则需要像组件中的 data 一样通过返回值的方式赋值。
- 绑定类型：校验绑定类型，如 prop:{parse:false}。
- 自定义验证函数：Vue.js 的 props 也支持自定义验证规则，如 prop: {validator: function (val) {return val } }会返回输入值本身。

需要注意的是，当 prop 验证失败时 Vue.js 会在控制台抛出警告（仅针对开发版本）。同时，组件的 prop 会在组件实例创建之前进行验证，所以上面示例程序中组件实例的属性在 default()函数或 validator()函数中是不可用的。

6.6.5 组件通信

Vue.js 作为一个轻量级的前端组件化开发框架，提倡组件的独立性，那么如何解决组件之间的通信问题就成了 Vue.js 需要解决的问题。在组件之间的通信问题上，Vue.js 既提供了直接访问组件的方法，也提供了自定义事件机制，以及通过广播、派发和监听等形式实现跨组件函数调用的功能。

在组件实例中，Vue.js 提供了 4 种属性来对其父子组件和根实例进行直接访问，这些属性包括$parent、$children、$refs 和$root，且这些属性都挂载在组件的 this 上。
- $parent：父组件实例，该属性是只读的。
- $children：当前实例包含的所有直接子组件。
- $refs：子组件上的 ref 属性，用来给子组件指定一个索引 ID。
- $root：当前组件树的根实例。

需要说明的是，虽然 Vue.js 提供了组件之间直接访问的能力，但并不建议进行这样的操作，这会导致父组件与子组件之间的紧密耦合，且自身状态会变得难以理解，所以建议尽量使用 props、自定义事件以及内容分发 slot 来传递数据。

在 Vue.js 中，父组件使用 props 将数据传递给子组件，而如果子组件想要与父组件通信，就需要用到自定义事件。在 Vue.js 实例中，系统提供了一套自定义事件接口，用来实现组件之间的通信，此事件系统独立于原生的 DOM 事件。

在 Vue.js 实例中，每个实例都实现了事件接口，即使用$on(eventName)来监听事件，使用

$emit(eventName)来触发事件。具体来说，子组件使用$emit()来触发事件，父组件则可以在使用子组件的地方使用 v-on 来监听子组件触发的事件，如下所示：

```
<div id="app">
    <div id="event-example">
        <p>{{ total }}</p>
        <button-counter v-on:increment="incrementTotal"></button-counter>
        <button-counter v-on:increment="incrementTotal"></button-counter>
    </div>
</div>

<script>
    Vue.component('button-counter', {
        template: '<button v-on:click="increment">{{ counter }}</button>',
        data: function () {
            return {
                counter: 0
            }
        },
        methods: {
            increment: function () {
                this.counter += 1
                this.$emit('increment')
            }
        },
    })
    new Vue({
        el: '#event-example',
        data: {
            total: 0
        },
        methods: {
            incrementTotal: function () {
                this.total += 1
            }
        }
    })
</script>
```

运行上面的示例，当点击子组件时，父组件会实现累加的效果，如图 6-13 所示。

图 6-13　自定义事件监听数字累加示例

在某些情况下，我们可能需要对一个 prop 进行双向绑定。然而，父子组件的双向绑定操作会导致父组件与子组件之间的紧密耦合，带来代码阅读和维护上的问题，因此官方推荐使用 update:myPropName 模式来替换双向绑定操作，如下所示：

```
this.$emit('update:title', newTitle)
```

然后，父组件通过监听子组件的相应事件来更新本地的数据属性：

```
<text-document
  v-bind:title="doc.title"
  v-on:update:title="doc.title = $event"/>
```

为了方便操作，官方对 update:myPropName 模式进行了缩写，即 .sync 修饰符，因此上面的语句可以简写为下面的形式：

```
<text-document v-bind:title.sync="doc.title"/>
```

需要注意的是，带有 .sync 修饰符的 v-bind 不能和表达式一起使用，所以下面的语句是错误的：

```
<text-document v-bind:title.sync = "doc.title + '!'" />
```

不过，当一个对象需要同时设置多个 prop 时，则可以将这个 .sync 修饰符和 v-bind 一起配合使用，如下所示：

```
<text-document v-bind.sync="doc"/>
```

此时，doc 对象中的每一个属性（如 title）都作为一个独立的 prop 传入表达式中，然后各自绑定用于更新的 v-on 指令。

6.6.6 动态组件

所谓动态组件，就是让多个组件使用同一个挂载点，并根据条件来实现动态切换的组件。动态组件通常用于路由控制和选项卡切换场景中。

下面是官方提供的选项卡切换示例，用到了动态组件，其运行效果如图 6-14 所示。

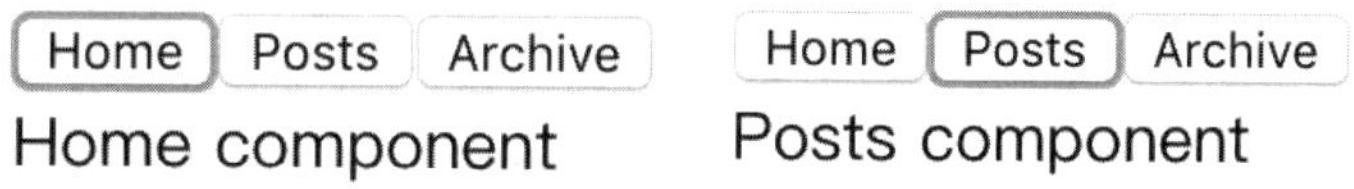

图 6-14 使用动态组件进行选项卡切换的示例

通过使用保留的 `<component>` 元素，并动态地绑定到它的 is 特性上可以实现动态组件。下面是选项卡切换示例的代码：

```
<div id="dynamic-component-demo" class="demo">
    <button
        v-for="tab in tabs"
        v-bind:key="tab"
        v-bind:class="['tab-button', { active: currentTab === tab }]"
```

```
            v-on:click="currentTab = tab"
        >{{ tab }}</button>

        <component
            v-bind:is="currentTabComponent"
            class="tab"
        ></component>
</div>

<script>
    Vue.component('tab-home', {
        template: '<div>Home component</div>'
    })
    Vue.component('tab-posts', {
        template: '<div>Posts component</div>'
    })
    Vue.component('tab-archive', {
        template: '<div>Archive component</div>'
    })

    new Vue({
        el: '#dynamic-component-demo',
        data: {
            currentTab: 'Home',
            tabs: ['Home', 'Posts', 'Archive']
        },
        computed: {
            currentTabComponent: function () {
                return 'tab-' + this.currentTab.toLowerCase()
            }
        }
    })
</script>
```

对于动态组件来说，<component>元素上的 is 特性决定了当前页面挂载的组件。在上面的示例代码中，is 特性绑定了父组件的 currentTabComponent 函数，该函数主要用来实现选项卡切换操作。

6.6.7 缓存组件

<component>元素还可以接收 keep-alive 特性，从 Vue.js 2.0 版本开始，<keep-alive>就被作为 Vue.js 的内置组件来使用，此组件能在组件切换过程中保留组件的状态，以避免反复渲染导致的性能问题，如下所示：

```
<keep-alive>
```

```
<component v-bind:is="currentTabComponent"></component>
</keep-alive>
```

<keep-alive>包裹动态组件时，会缓存不活动的组件实例而不是销毁它们。和<transition>类似，<keep-alive>也是一个抽象组件，也就是说它自身不会渲染 DOM 元素，也不会出现在父组件链中。当组件在<keep-alive>内执行切换操作时，它的 activated 和 deactivated 两个生命周期钩子函数将会对应执行。

目前，<keep-alive>支持的属性如下。
- include：只有名称匹配的组件才会被缓存。
- exclude：任何名称匹配的组件都不会被缓存。
- max：最多可以缓存的组件实例数。

其中，include 和 exclude 属性允许组件有条件地缓存，且二者都通过逗号分隔的字符串、正则表达式或一个数组来表示：

```
<!-- 逗号分隔的字符串 -->
<keep-alive include="a,b">
  <component :is="view"></component>
</keep-alive>

<!-- 正则表达式-->
<keep-alive :include="/a|b/">
  <component :is="view"></component>
</keep-alive>

<!-- 数组-->
<keep-alive :include="['a', 'b']">
  <component :is="view"></component>
</keep-alive>
```

匹配时首先检查组件的 name 选项，如果 name 选项不可用，则匹配它的局部注册名称，匿名组件不能被匹配。如下所示，属性 max 用于设置最多可以缓存多少组件实例，一旦达到设定的数字，在新实例被创建之前，已缓存组件中最久没有被访问的实例将会被销毁掉。

```
<keep-alive :max="10">
  <component :is="view"></component>
</keep-alive>
```

需要说明的是，请不要在函数式组件中使用<keep-alive>，因为函数式组件没有缓存实例。

6.6.8 异步组件

在大型应用程序开发中，为了让应用程序的体验更好，经常需要做一些代码拆分和延迟加载方面的优化。比如，可以根据需要从服务器端下载某个模块，将其加载到应用程序中。

为了简化操作流程，Vue.js 允许将组件定义为一个工厂函数，工厂函数会使用异步方式解析组件的定义。并且，Vue.js 组件只有在需要渲染的时候才触发工厂函数，并且会把结果缓存起来供后面进行重新渲染。

在下面的实例中，工厂函数会收到一个 resolve()回调函数，此回调函数会在从服务器端得到组件定义时被调用。为了演示，本实例使用 setTimeout()来模拟网络请求，并根据返回结果进行相应的处理，比如调用 reject()来处理加载失败。

```
Vue.component('async-example', function (resolve, reject) {
  setTimeout(function () {
    //向 resolve()传递组件定义
    resolve({
      template: '<div>I am async!</div>'
    })
  }, 1000)
})
```

同时，为了让项目的耦合性更低，推荐将异步组件和 webpack 代码的分割功能配合使用，如下所示：

```
Vue.component('async-webpack-example', function (resolve) {
  //通过 AJAX 请求加载
  require(['./my-async-component'], resolve)
})
```

当然，也可以在工厂函数中返回一个 Promise 对象，如果将 webpack 2 和 ES6 语法混合使用，则上面的代码可以改写为：

```
Vue.component(
  'async-webpack-example',
  //返回一个 Promise 对象。
  () => import('./my-async-component')
)
```

当使用局部注册方式时，也可以提供一个返回 Promise 对象的函数：

```
new Vue({
  components: {
    'my-component': () => import('./my-async-component')
  }
})
```

既然是异步加载，就肯定会存在加载成功、加载失败等不同的情况，因此异步组件的工厂函数也可以返回一个如下格式的对象：

```
const AsyncComponent = () => ({
  //加载一个 Promise 对象
  component: import('./MyComponent.vue'),
  loading: LoadingComponent,
  error: ErrorComponent,
```

```
    delay: 200,
    timeout: 3000
})
```

6.7 vue-router

vue-router 是 Vue.js 官方提供的路由管理插件，可以利用 hash 值的变化来控制动态组件的切换。传统的页面跳转都由 MVC 架构的 Controller 层控制，然后利用标签的 herf 或者修改 location.herf 来向服务器发起请求，服务器收到请求后根据收到的信息去调用对应的模板，并将模板渲染为 HTML 后返回给浏览器，最后由浏览器解析成可见的网页页面。不过，随着前端技术的快速发展这一套逻辑被放到前端执行，由对应的组件向后端发起网络请求，前端根据后端返回的数据来填充前端的 HTML 模板。

6.7.1 安装与配置

vue-router 支持多种安装方式，最简单的莫过于使用 npm 方式安装，安装命令如下：

```
npm install vue-router --save
```

与之类似，也可以在工程的 package.json 文件的 dependencies 节点中添加 vue-router 依赖（如下所示），然后执行 npm install 命令安装依赖。

```
"dependencies": {
    "vue": "^2.5.11",
    "vue-router": "^3.0.1"
}
```

如果在一个模块化工程中使用 vue-router，则必须通过 Vue.use()明确安装的路由功能，如下所示：

```
import Vue from 'vue'
import VueRouter from 'vue-router'

Vue.use(VueRouter)
```

除此之外，开发者还可以直接使用官方编译好的 JavaScript 文件来安装 vue-router，安装的地址为：

```
https://unpkg.com/vue-router/dist/vue-router.js
```

开发者还可以通过指定版本号或标签来下载指定的 vue-router 版本（如下所示），并将它添加到前端项目的文件夹中。

```
https://unpkg.com/vue-router@3.0.1/dist/vue-router.js
```

然后，在 HTML 中使用<script>标签引入 vue-router，如下所示：

```
<script src="/path/to/vue.js"></script>
<script src="/path/to/vue-router.js"></script>
```

如果想使用 vue-router 最新的开发版本,也可以从 GitHub 上克隆 vue-router 的源码,然后自己编译一个 vue-router,如下所示:

```
git clone https://github.com/vuejs/vue-router.git node_modules/vue-router
cd node_modules/vue-router
npm install
npm run build
```

6.7.2 基本用法

vue-router 最基本的作用就是将每个配置的路径映射到对应的组件上,并通过修改路由配置来实现页面的切换。使用 vue-router 来管理路由时,只需要在当前路径后面加上需要跳转的页面路径即可。例如,下面是一个单页面应用路由切换的示例:

```
<script src="https://unpkg.com/vue/dist/vue.js"></script>
<script src="https://unpkg.com/vue-router/dist/vue-router.js"></script>

<div id="app">
  <h1>Hello App!</h1>
  <p>
    <router-link to="/foo">Go to Foo</router-link>
    <router-link to="/bar">Go to Bar</router-link>
  </p>
  <router-view></router-view>
</div>

<script>
    const Foo = {template: '<div>foo</div>'}
    const Bar = {template: '<div>bar</div>'}
    const routes = [
        {path: '/foo', component: Foo},
        {path: '/bar', component: Bar}
    ]
    const router = new VueRouter({
        routes
    })
    const app = new Vue({
        router
    }).$mount('#app')
</script>
```

执行上面的代码,运行效果如图 6-15 所示。

Hello App! Hello App!

Go to Foo Go to Bar   Go to Foo Go to Bar

foo   bar

图 6-15 使用 vue-router 实现页面切换的示例

在上面的示例代码中，用到了<router-link>和<router-view>两个组件。其中，<router-link>组件会被渲染成一个带有链接的 a 标签，如下所示：

```
<a href="//foo">Go to Foo</a>
```

而<router-link>的 to 属性代表链接的地址，如下所示：

```
<router-link to="/">[text]</router-link>
```

<router-view>组件是一个函数组件，主要用于渲染路由匹配到的组件，可以给<router-view>组件设置 transition 过渡效果，如下所示：

```
<transition name="fade">
  <router-view ></router-view>
</transition>
```

6.7.3 路由匹配

vue-router 在设置路由规则后，支持以冒号开头的动态路径参数。例如，有一个公共的 User 组件，对于 id 各不相同的所有用户，都需要使用此组件来执行页面渲染。那么，可以在 vue-router 的路由路径中使用动态路径参数来实现这一效果，如下所示：

```
const User = {
  template: '<div>User</div>'
}

const router = new VueRouter({
  routes: [
    { path: '/user/:id', component: User }     //动态路径参数以冒号开头
  ]
})
```

此时，像/user/1 和/user/2 这样的路径都将映射到相同的路由上，路径参数使用冒号标记，当匹配到一个路由时，参数值会被设置到$route.params 上，并可以在每个组件内使用。如果想要根据输出的用户 id 来更新 User 模板，那么可以参考下面的方式：

```
const User = {
  template: '<div>User {{ $route.params.id }}</div>'
}
```

除了支持以冒号开头的动态路径参数，vue-router 还支持以星号开头的全匹配路径参数。当然，

vue-router 也支持在一个路由中设置多段路径参数,对应的值都会被设置到$route.params 中。

同时,路由参数的变化也支持组件实例的复用,这意味着组件不必销毁再创建,因而渲染效率更高。在复用组件时,如果想对路由参数的变化作出响应,则可以监测$route 对象的变化:

```
const User = {
  template: '...',
  watch: {
    '$route' (to, from) {
      //对路由参数的变化作出响应
    }
  }
}
```

当然,也可以使用导航守卫组件的 beforeRouteUpdate()函数来监听路由状态的变化,如下所示:

```
const User = {
  template: '...',
  beforeRouteUpdate (to, from, next) {
    //对路由状态的变化作出响应
  }
}
```

除此之外,借助 path-to-regexp 路径匹配引擎,我们还可以实现很多高级的匹配场景,例如动态路径参数、匹配一个或多个路径参数,甚至是自定义正则匹配。

6.7.4 嵌套路由

所谓嵌套路由,是指路由通常并不会只有一层,而是由多层嵌套组合而成的。也就是说,路由里面可以嵌套子路由,子路由中又可以嵌套多个组件,这在实际项目开发中是非常常见的。同样,URL 中的各段动态路径也按某种结构对应嵌套的各层组件,如图 6-16 所示。

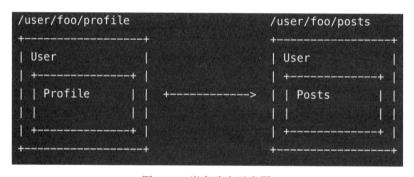

图 6-16 嵌套路由示意图

借助 vue-router,使用嵌套路由配置,可以很容易地表达如图 16-6 所示的嵌套关系。首先,创建一个根节点 app.js 文件，并添加如下代码：
```
<div id="app">
  <router-view></router-view>
</div>

const User = {
  template: '<div>User {{ $route.params.id }}</div>'
}

const router = new VueRouter({
  routes: [
    { path: '/user/:id', component: User }
  ]
})
```

其中，<router-view>是顶层的出口，用来渲染最高级路由匹配到的组件。另外，它还可以包含自己的嵌套<router-view>，即嵌套路由，如下所示：
```
const User = {
  template: `
    <div class="user">
      <h2>User {{ $route.params.id }}</h2>
      <router-view></router-view>
    </div>`
}
```

要在嵌套的组件中渲染其子组件，需要在 VueRouter 的参数中使用 children 配置选项，如下所示：
```
const User = {
const router = new VueRouter({
  routes: [
    { path: '/user/:id', component: User,
      children: [
        {
          path: 'profile',
          component: UserProfile
        },
        {
          path: 'posts',
          component: UserPosts
        }
      ]
    }
  ]
})
```

在上面的示例代码中，如果/user/:id/profile 匹配成功，则 UserProfile 组件就会被渲染在 User

节点的<router-view>中；如果/user/:id/posts 匹配成功，则 UserPosts 节点就会被渲染在 User 节点的<router-view>中。此处，以"/"开头的嵌套路径会被当作根路径，因此开发者只需要关注嵌套组件，而无须关注嵌套的路径。

基于上面的路由配置，如果输入的访问路径为/user/foo，则 User 节点不会渲染任何东西，因为 vue-router 没有匹配到任何合适的子路由。如果想要完成渲染操作，则可以提供一个空的子路由，如下所示：

```
const router = new VueRouter({
  routes: [
    {
      path: '/user/:id', component: User,
      children: [
        {
path: '',
component: UserHome
},
        //其他子路由
      ]
    }
  ]
})
```

6.7.5 命名路由

有时候，通过一个别名来标识一个路由显得更方便一些，特别是在链接一个路由或者执行一些跳转的时候。具体来说，可以在创建 Router 实例的时候，在 routes 配置中给某个路由设置别名，如下所示：

```
new VueRouter({
  routes: [
    {
      path: '/user/:id,
      name: 'user',           //别名
      component: User         //具体组件
    }
  ]
})
```

如果想要链接到一个命名路由，则可以给<router-link>的 to 属性传递一个对象：

```
<router-link :to="{ name: 'user', params: { userId: 123 }}">User</router-link>
```

当然，使用 router.push()也可以实现路由导航功能，如下所示：

```
router.push({ name: 'user', params: { userId: 123 }})
```

上面介绍的两种方式都会把路由导航到/user/123 路径。

6.7.6 路由对象

路由对象,即当前激活的路由的状态信息,主要包含通过对当前 URL 进行解析得到的信息,以及对 URL 进行匹配得到的路由记录信息。在使用 vue-router 的应用中,路由对象 router 会被注入每个组件中,并可以通过 this.$route 的方式调用,当路由进行切换时路由对象也会被更新。路由对象具有如下属性。

- $route.path:类型为字符串,当前路由对象的绝对路径,如/home/a。
- $route.params:类型为对象,包含路由中的动态片段和全匹配片段的键值对,如果没有路由参数,就表示一个空对象。
- $route.query:类型为对象,包含路由中查询参数的键值对。
- $route.hash:类型为字符串,当前路由的 hash 值,如果没有 hash 值则返回空字符串。
- $route.fullPath:类型为字符串,表示完成解析后的 URL,包含查询参数和 hash 路径。
- $route.router:路由实例,可以通过调用 go()、replace()方法实现跳转,也可以使用 this.$route 来访问当前路由实例。
- $route.matched:类型为数组,包含当前匹配的路径中所有片段对应的配置参数对象。
- $route.name:类型为字符串,表示当前路径的名字,如果没有使用具名路径则名字为空。
- $route.redirectedFrom:路由重定向,如果存在路由重定向,则重定向的来源就是路由的名字。

下面是一个简单的路由匹配示例,该路由会匹配当前路由的所有嵌套路径片段,并找到合适的路径进行跳转:

```
const router = new VueRouter({
  routes: [
    //下面的对象就是路由记录
    { path: '/foo', component: Foo,
      children: [
    //下面也是路由记录
        { path: 'bar', component: Bar }
      ]
    }
  ]
})
```

6.7.7 路由属性与方法

在使用 vue-router 的应用中,router 实例会被注入每个组件中,可以在组件内通过 this.$route

的方式访问。router 实例通常由路由属性、全局钩子函数和路由配置等构成，实例的路由属性有 3 个，分别是 router.app、router.mode 和 router.currentRoute。

- router.app：类型为组件实例，即 router 的 Vue.js 根实例，是由调用 router.start()传入的 Vue.js 组件的构造函数所创建的。
- router.mode：类型为字符串，表示当前路由所采取的模式，可选的值有 hash、history 和 abstract 等。
- router.currentRoute：类型为 Route，表示当前激活路由的状态信息，主要包含通过对当前 URL 进行解析得到的信息，以及对 URL 进行匹配得到的路由记录。

需要说明的是，vue-router 目前提供了 3 种运行模式：hash、history 和 abstract。

- hash：默认模式，使用 URL 的 hash 值来进行路由。
- history：依赖 HTML5 的 history API 和服务器配置。
- abstract：支持所有 JavaScript 运行环境，如 Node.js 服务器环境。

对于 WEEX 环境来说，目前只支持使用 abstract 模式。不过，vue-router 自身会对环境做校验，如果发现没有浏览器的 API，则 vue-router 会自动进入 abstract 模式。因而，vue-router 在浏览器环境中默认使用 hash 模式，在移动端原生环境中使用 abstract 模式。

除了路由属性，router 实例还包含如下一些常见的 API 函数。

- router.beforeEach：添加一个全局的前置钩子函数，此函数会在路由切换开始时被调用。
- router.beforeResolve：在导航被确认之前，所有组件内的守卫和异步路由组件被解析之后调用。
- router.afterEach：添加一个全局的后置钩子函数，该函数会在每次路由切换成功，进入激活阶段时被调用。
- router.push：导航到指定的 URL，其作用类似于<router-link>。此方法会向 history 栈添加一个新的记录，当用户点击后退按钮时会返回之前的 URL。
- router.replace：导航到指定的 URL，与 router.push 不同的是，replace 不会向 history 栈添加新的记录。
- router.go：指定在 history 栈中向前或向后多少步，用于跳转到指定页面。
- router.back：返回路由的上一个记录。
- router.forward：路由向前执行一步。
- router.getMatchedComponents：返回匹配的组件数组，通常用于在服务器端渲染的数据预加载的情况。
- router.addRoutes：动态添加更多的路由规则。
- router.onReady：在路由完成初始导航时调用，此时所有的异步钩子函数和与路由初始化相关的异步组件都已经完成初始化。

- router.onError：在路由导航过程中出错时调用。

6.7.8 路由传参

在 Vue.js 中，使用路由进行参数传递主要有两种方式：使用 params 的方式和使用 query 的方式。其中，使用 query 的方式传递时参数会显示在 URL 后面，如下所示：

```
//父组件传递参数
this.$router.push({
        path: '/describe',
        query: {
          id: id
        }
    })
//子组件接收参数
this.$route.query.id
```

使用 query 的方式时，父组件使用 path 来匹配路由，然后通过 query 将参数传递出去。子组件接收到传递过来的参数后，可以使用 this.$route.query 来获取传递的参数值。

与使用 query 相比，使用 params 传递的参数不会显示在 URL 中，并且在大多数情况下都使用 params：

```
//父组件传递参数
this.$router.push({
        name: 'Describe',
        params: {
          id: id
        }
    })
//子组件接收参数
this.$route.params.id
```

使用上面两种方式进行参数传递时，传参使用的是 this.$router.push()函数，接收参数使用的是 this.$route.query 及 this.$route.params。

不过，在组件中直接使用$route 会使路由和逻辑代码形成高度耦合，从而增加了代码的复杂度。针对这一问题，vue-router 提供了 props 来实现组件和路由的解耦，如下所示：

```
const User = {
  props: ['id'],
  template: '<div>User {{ id }}</div>'
}

const router = new VueRouter({
  routes: [
    { path: '/user/:id', component: User, props: true },
```

```
  {
    path: '/user/:id',
    components: { default: User, sidebar: Sidebar },
    props: { default: true, sidebar: false }
  }
]
}
```

6.8 本章小结

随着 WeexSDK 0.10.0 版本的发布，WEEX 正式支持 Vue.js，从此开发者便可以使用 Vue.js 来开发 WEEX 跨平台应用程序。可以说，正是由于添加了对 Vue.js 的支持，才让 WEEX 为广大前端开发者所熟知。如果你已经熟练使用 Vue.js 的相关技术，那么使用 Vue.js 来开发 WEEX 应用将会变得异常容易。

由于 Vue.js 知识体系异常庞大和复杂，因此本章只是介绍了 Vue.js 的基础用法、指令、过滤器、组件和 vue-router 的知识，让读者对 Vue.js 有一个基础的、全面的认识。

第 7 章 BindingX 框架

7.1 BindingX 简介

作为一款简单易用的跨平台开发方案,WEEX 能用来构建高性能、可扩展的跨平台应用,但是如果要使用 WEEX 来实现复杂的动画效果就会遇到很多问题。

BindingX 就是针对 WEEX 和 React Native 富交互问题提出的解决方案,它提供的 Expression Binding(表达式绑定)机制,可以在 WEEX 和 React Native 上让复杂交互操作以 60 帧/秒的速度流畅执行,而不会出现卡顿的问题,从而带来了更友好的用户体验。

7.1.1 基本概念

为了更好地理解和使用 BindingX 框架,开发者需要对 BindingX 涉及的一些核心概念有所了解,这些核心的概念包含表达式、事件类型、属性变换等。

表达式(Expression)

所谓表达式,就是将数字、运算符、变量等以能求得数值的、有意义的排列方法进行排列所得到的组合。比如,x*3+10 就是一个表达式,当 x 被赋值时,整个表达式就会有一个明确的结果。

在 BindingX 中,可以借助一个轻量的表达式解析引擎来执行表达式。除了基本的四则运算,表达式还支持三元运算符、数学函数等高级语法,能够满足绝大部分的使用场景。

事件类型(Event Type)

BindingX 通过表达式来描述交互行为,而不同的交互行为则通过表达式变量来描述。在 BindingX 中,事件是指能够驱动表达式数值变化的数据产生者,比如用户的手势、列表的滚动,甚至是陀螺仪的方向感知等，每一种交互行为都对应着唯一的事件类型。

同时，每一种事件类型都对应着不同的表达式变量。比如，当事件类型为 pan 时，表达式的变量就是 x 和 y，分别代表手指移动过程中横向和纵向的偏移量。

属性变换（Transformation Property）

表达式的执行结果最终会表现在 UI 的变化上，比如透明度、位移、背景色等，属性变换就是用来描述这些属性的。而 BindingX 就是用来操作属性的变换的。

7.1.2 背景

众所周知，虽然 WEEX 底层使用的 JavaScript-Native 桥接方式具有天然的异步特性优势，但 JavaScript 与原生平台之间的通信也必然导致应用性能的降低，特别是在一些复杂的交互场景中，JavaScript 代码很难保证流畅的运行效果。图 7-1 为传统的 JavaScript-Native 通信原理示意图。

假如要实现一个视图随手势移动的动画效果，那么按照传统的实现方式，需要在这个视图上绑定 touch 或者 pan 事件，当手势事件被触发时，移动设备会将手势事件通过中间转换层传递给 JavaScript 层。JavaScript 层在接收到手势事件后，会根据手指移动的偏移量来驱动界面的重绘流程，这样一来就会产生两次通信。并且，手指移动的触发频率通常是非常高的，频繁的通信带来的时间成本很可能导致界面无法在 16ms 内完成绘制，进而产生卡顿或者崩溃的情况。

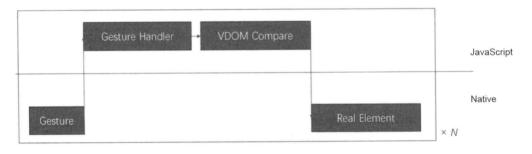

图 7-1 传统的 JavaScript-Native 通信原理示意图

为了解决 JavaScript 和原生平台之间进行频繁通信的问题，WEEX 对传统的方案进行了横向的扩展，提出了 Expression Binding 的机制。具体来说，就是将具体的手势控制函数以表达式的形式传递给原生平台，当手势被触发时，原生平台会根据预置的表达式解析器去解释执行相应的表达式，然后根据执行的结果去驱动视图变化。这样带来的好处是大大减少了 JavaScript 与原生平台之间的通信次数，从而整体上提高了页面的绘制效率，其原理如图 7-2 所示。

图 7-2　Expression Binding 方案的原理示意图

事实上，BindingX 解决的不仅仅是手势交互问题。理论上，任何频繁通信产生的视图更新场景都可以使用这套方案。作为一个动画框架，BindingX 目前支持以下 4 种场景。

- 监听 pan 手势事件，更新视图。
- 监听滚动容器的 onscroll 事件，更新视图。
- 监听设备传感器方向变化，更新视图。
- 实现动画，即监听设备的每一帧的屏幕刷新，回调事件并更新视图。

同时，BindingX 对于 React Native 跨平台框架同样适用。以 React Native 的 Animated 组件为例，为了实现流畅的动画效果，Animated 组件采用了声明式的 API，在 JavaScript 端仅仅定义了输入与输出以及具体的 transform 行为，真正的动画则通过原生驱动执行，从而避免 JavaScript 和原生平台之间的频繁通信。

7.2　BindingX 框架快速上手

7.2.1　快速入门

作为一个致力于解决 WEEX 或 React Native 富交互问题的动画框架，BindingX 的运行需要依赖原生的 Android 工程和 iOS 工程，因此使用 BindingX 之前需要在原生工程中添加 BindingX 库依赖：

```
//Android依赖
compile 'com.alibaba.android:bindingx-core:1.0.1'
compile 'com.alibaba.android:bindingx_weex_plugin:1.0.0'
//iOS依赖
pod 'BindingX', '~> 1.0.3'              //Pod依赖
```

然后，使用 npm 方式安装依赖，命令如下：

```
npm install weex-bindingx --save
```

在使用 BindingX 框架的组件之前，需要事先引入 BindingX 模块：
```
import BindingX from 'weex-bindingx';
```
接着，根据使用场景选择合适的 eventType（事件类型）。比如，监听手势时需要使用的事件类型为 pan，监听容器滚动时使用的事件类型为 scroll。并且根据交互行为选择要改变的属性，并编写相应的表达式。

接下来，根据得到的事件类型、表达式以及属性，调用 BindingX 的 bind()方法完成绑定操作，如下所示：

```
var result = BindingX.bind({
    eventType: 'pan',         //事件类型
    anchor: 'foo',            /*anchor 指的是事件的触发者，如果 eventType 是
                                "orientation"或"timing"，则可不指明 anchor 的值*/
    props: [
      {
          element: view.ref,     //要改变的视图的引用或者 id
          expression: "1-x/100", //表达式
          property: "opacity"    //要改变的属性
      }
    ]
})
```

在上面的示例代码中，element 表示用来操作的视图或者视图的 id，expression 表示可参与计算的表达式，property 表示要改变的属性。

当调用 bind()方法完成绑定操作之后，原生平台便会启动事件监听功能，当目标事件（比如手指滑动、设备方向变化等）被触发的时候，便会执行事先绑定的一组或多组表达式，进而触发相应的动作。bind()方法会返回一个 JavaScript 对象，该对象会包含一个 token 属性，使用这个 token 也可以取消某个绑定。

如果需要取消绑定，则可以在页面不可见或者即将销毁的时候调用 BindingX 的 unbind()方法来取消绑定，如下所示：

```
BindingX.unbind({
    token: result.token,
    eventType: 'pan'
})
```

7.2.2 手势

BindingX 能够监听元素的 pan 手势事件，因此开发者可以用它实现拖曳、卡片横滑等手势交互效果。目前，BindingX 仅支持 pan 手势事件，使用时需要在 bind()方法中将 eventType 的值设置为 pan。bindingX 提供 x 和 y 两个预置变量，分别代表手指移动过程中横向和纵向的偏移量，且可以参与表达式运算。

下面通过横向滑动卡片进行删除的示例来介绍如何使用 pan 手势事件，运行效果如图 7-3 所示。

图 7-3　使用 BindingX 实现横向滑动卡片删除示例的运行效果

首先，使用 WEEX 提供的 rax-cli 脚手架工具新建一个 Rax 工程，然后创建一个名为 index.js 的文件，并在文件中增加如下代码：

```
import {createElement, Component, render} from 'rax';
import Text from 'rax-text';
import View from 'rax-view';

class App extends Component {
  render() {
  }
}
render(<App/>);
```

然后，在当前文件夹下创建一个名为 index.css 的样式文件并添加如下代码：

```
.container {
    flex: 1;
    background-color:#eeeeee;
}
```

再在 index.js 文件中引入该样式文件：

```
import './index.css';
```

接下来，在 index.js 中基于 JSX 语法编写卡片布局，并在 index.css 中编写相关样式：

```
class App extends Component {
  render() {
    return (
      <div className="container" >
        <div className="border">
          <div class="box">
            <div className="head">
              <div className="avatar"></div>
              <text className="username">Foo</text>
            </div>
            <div className="content">
              <text className="desc">Weex is a framework for building Mobile </text>
            </div>
          </div>
        </div>
      </div>
    );
  }
}
```

现在，卡片布局已经编写完毕，可以进行编译和预览效果了。如果要实现通过横向滑动卡片进行删除的效果，还需要引入 BindingX 组件，并为卡片增加 ref 属性用于唯一标识，随后 BindingX 就可以基于 ref 属性找到该组件：

```
import BindingX from weex-bindingx;

render() {
  return (
    <div className="container" >
      <div className="border">
        <div ref='my' class="box" >          //增加 ref 属性
          <div className="head">
            <div className="avatar"></div>
            <text className="username">Foo</text>
          </div>
          ...
        </div>
      </div>
    </div>
  );
}
```

然后为卡片注册 onTouchStart 事件，并绑定相应的表达式用于处理卡片拖曳功能：

```
onTouchStart = (event)=>{
    //实现卡片拖曳删除逻辑
}
```

```
render() {
  return (
    <div className="container" >
      <div className="border">
        <div class="box" onTouchStart={this.onTouchStart}>    //绑定表达式
          <div className="head">
            <div className="avatar"></div>
          </div>
          ...
        </div>
      </div>
    </div>
  );
}
```

在 BindingX 中，拖曳使用的是 pan 手势，横向滑动的表达式是 x+0，要改变的属性是 transform.translateX，如下所示：

```
gesToken=0;

onTouchStart = (event)=>{
    var my = this.refs.my;
    var gesTokenObj = BindingX.bind({
        anchor:my,
        eventType:'pan',
        props: [
            {
                element:my,
                property:'transform.translateX',
                expression:'x+0'
            }
        ]
    }, function(e) {
      // nope
    });
    this.gesToken = gesTokenObj.token;
}
```

重新编译并执行代码，就可以看到通过横向滑动卡片进行删除的效果。此时，通过横向滑动卡片进行删除的功能已经基本实现。接下来，为横向滑动卡片这一动作增加透明度变化的效果。卡片的透明度对应的属性是 opacity，值的范围是 0~1，假设手指横向滑动 600 个单位，透明度变为 0，那么透明度渐变表达式即为 1-abs(x)/600，如下所示：

```
props: [
    {
    element:my,
    property:'transform.translateX',
    expression:'x+0'           //横向滑动的表达式
```

```
    },
    {
    element:my,
    property:'opacity',
    expression:'1-abs(x)/600'    //透明度渐变表达式
    }
]
```

7.2.3 动画

在 WEEX 应用开发中，实现动画功能通常的做法是使用 WEEX 提供的动画模块，不过现在有了新的选择，即使用 BindingX 动画框架。使用 BindingX，开发者可以实现所有 WEEX 动画模块能实现的效果，并且 BindingX 还内置了 30 多组常见的插值器，可以帮助开发者快速开发炫酷的动画。另外，BindingX 也可以使用 cubicBezier()函数（贝塞尔曲线函数）定制插值器。

在 BindingX 中实现动画功能，需要将事件类型设置为 timing。在 timing 模式下，BindingX 提供了一个预置变量 t，可以参与表达式运算，它代表动画流逝的时间。

下面通过弹出菜单示例来介绍如何使用 timing 事件，运行效果如图 7-4 所示。

图 7-4 弹出菜单示例的运行效果

首先，使用 Rax 编写动画页面的元素结构，并为指定的元素绑定动画事件，如下所示：

```
import {createElement, Component, render,findDOMNode} from 'rax';
import Text from 'rax-text';
import View from 'rax-view';
import Image from 'rax-image';
import Binding from 'weex-bindingx';

class Demo extends Component{

render() {
    return (
      <View style={styles.container}>
        <View style={[styles.btn]} ref="b1" onClick={()=>{this.clickBtn()}}>
          <Text style={[styles.text]} ref="main_image">
            A
          </Text>
        </View>

        //省略其他两个按钮

        <View   style={[styles.btn]}   ref="main_btn"   onClick={()=>{this.clickBtn()}}>
          <Image  style={[styles.image]}  ref="main_image"  source={{uri:'xxx.png'}} />
        </View>
      </View>
    );
  }
}
```

然后，添加处理元素点击事件的方法（如下所示），如果点击元素时菜单是显示状态，则点击后消失；如果是消失状态，则点击后显示。

```
clickBtn(){          //按钮点击处理
    if(this.isExpanded) {
      this.collapse();
    } else {
      this.expand();
    }
    this.isExpanded = !this.isExpanded;
  }

collapse(){          //弹窗消失处理
    let main_btn = getEl(this.refs.main_btn);
    let main_image = getEl(this.refs.main_image);
    let b1= getEl(this.refs.b1);
    let b2= getEl(this.refs.b2);
    let b3= getEl(this.refs.b3);
    Binding.bind({
```

```
      eventType:'timing',
      exitExpression:{
        origin:'t>800'
      },
      props:[
        {
          element: main_image,
          property:'transform.rotateZ',
          expression:{
            origin:'easeOutQuint(t,45,0-45,800)'
          }
        },
        {
          element:main_btn,
          property:'background-color',
          expression:{
            origin:"evaluateColor('#607D8B','#ff0000',min(t,800)/800)"
          }
        }
      ]
    });
  }

expand() {            //弹窗展示处理
    let main_btn = getEl(this.refs.main_btn);
    let main_image = getEl(this.refs.main_image);
    let b1= getEl(this.refs.b1);
    let b2= getEl(this.refs.b2);
    let b3= getEl(this.refs.b3);

    Binding.bind({
      eventType:'timing',
      exitExpression:{
        origin:'t>100'
      },
      props:[
        {
          element: main_image,
          property:'transform.rotateZ',
          expression:{
            origin:'linear(t,0,45,100)'
          }
        },
        {
          element:main_btn,
          property:'background-color',
          expression:{
```

```
            origin:"evaluateColor('#ff0000','#607D8B',min(t,100)/100)"
        }
      }
    ]
  });
}
```

7.2.4 滚动

在移动应用开发中，容器的 scroll 事件（滚动事件）是一个高频触发事件，每次触发 scroll 事件都会涉及元素属性的改变，这些属性包括位置、颜色、透明度和大小等。

在 BindingX 中使用滚动动画，需要将 eventType 的值设置为 scroll。在 scroll 模式下，BindingX 提供了一个预置变量 y，用于表示滚动容器的滚动偏移量。Android 中的滚动偏移量从 0 开始，而 iOS 中的则可能从负值开始，滚动偏移量可以参与表达式运算。

下面是一个监听滚动事件实现元素缩放、透明度变化的示例，运行效果如图 7-5 所示。

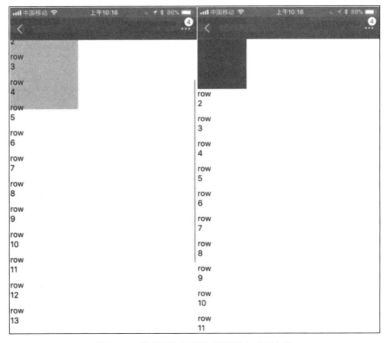

图 7-5　监听滚动事件示例的运行效果

假如，当容器从 0 滚动至 400 时，透明度从 1 变为 0；从 0 滚动至 200 时，元素缩放倍数从 1 变为 2；从 200 滚动至 400 时，缩放倍数从 2 还原到 1。

要实现元素缩放和透明度变化，首先需要使用 Rax 编写操作的动画对象和页面的结构布局，如下所示：

```
import {createElement,Component,render,findDOMNode} from 'rax';
import BindingX from 'weex-bindingx';
import {isWeex} from 'universal-env';
import ScrollView from 'rax-scrollview';

class Demo extends Component{
  render(){
    return (<View style={{flex:1}}>
      <ScrollView ref="scrollView" style={{flex:1}}>
        <View style={{height:2000}}></View>
      </ScrollView>
      <View ref="block" style={{backgroundColor:'red',width:200,height:200,
position:'absolute',top:0,left:0}}/>
      </View>);} }

}

render(<Demo/>);
```

然后在组件的 componentDidMount 生命钩子函数中给滚动容器绑定 scroll 事件：

```
componentDidMount(){
    //通过延迟来确保 ScrollView 节点渲染完毕
    setTimeout(()=>{
      BindingX.bind({
        eventType:'scroll',
        anchor:getEl(this.refs.scrollView)
      });
    },100)
}
```

若要通过监听滚动事件来实现元素缩放和透明度变化，则需要借助 BindingX 内置的变量 y，此变量用于表示滚动容器当前距离容器顶部的偏移量。例如，下面是监测滚动容器往页面底部滚动时，变量 y 的值从 0 开始增加的示例代码。

```
BindingX.bind({
  eventType:'scroll',                    //事件类型
  anchor:getEl(this.refs.scrollView),    //滚动容器
  props:[
    {
     element: getEl(this.refs.block),    //动画元素
     property:'opacity',                 //动画属性
     expression:'1-y/400'                //表达式
    },
    {
     element: getEl(this.refs.block),
     property:'transform.scale',
```

```
      expression:'y<200?1+y/200:2-(y-200)/200'
    }
  ]
});

function getEl(el){
  return isWeex ? findDOMNode(el).ref : findDOMNode(el);
}
```

在上面的示例代码中，当 y 从 0 变化到 400 时，对应的透明度变化表达式为 1-y/400；当 y 从 0 变化到 200 时，对应的元素缩放表达式为 1+y/200；当 y 从 200 变化到 400 时，对应的元素缩放表达式为 2- (y-200)/200。

7.2.5 陀螺仪

在移动开发中，陀螺仪事件也是一个高频触发的事件，通常用来改变某个元素的位置和方向属性。在 BindingX 中使用陀螺仪事件时，需要将 eventType 的值设置为 orientation。

在 orientation 模式下，BindingX 提供了预置变量 x 和 y，变量可以参与表达式运算。其中，x 表示横向位移的值，范围为(-90,90)；y 表示纵向位移的值，范围为(-90,90)。

下面通过一个简单的示例（如图 7-6 所示）来说明如何使用 orientation 事件来改变元素的位置。

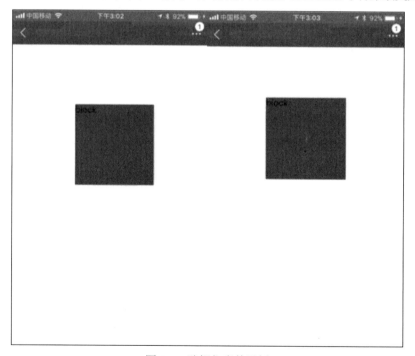

图 7-6　陀螺仪事件示例

首先，使用 Rax 编写动画页面元素的视图结构，即陀螺仪事件需要操作的视图对象，如下所示：

```jsx
import {createElement,Component,render,findDOMNode} from 'rax';
import BindingX from 'weex-bindingx';
import {isWeex} from 'universal-env';
import View from 'rax-view';

class Demo extends Component{

  render(){
    return (<View style={{flex:1}}>
      <View ref="block" style={{
        position: 'absolute',
        left: 90,
        top: 90,
        width: 300,
        height: 300,
        backgroundColor: 'red'
      }}>block</View>
    </View>);} }
}

render(<Demo/>);
```

然后在组件的 componentDidMount 生命钩子函数中给元素绑定陀螺仪事件。需要说明的是，在 orientation 模式下，无须配置 anchor：

```jsx
componentDidMount () {
   BindingX.bind({
     eventType: 'orientation',           //事件触发类型
     props: [                            //使用 props 数组来描述事件元素的节点
       {
         element: getEl(this.refs.block),      //动画元素
         property: 'transform.translateX',     //动画属性
         expression: 'x+0'                     //动画表达式
       },
       {
         element: getEl(this.refs.block),
         property: 'transform.translateY',
         expression: 'y/2+0'
       }
     ]
   })

   function getEl(el) {
      return isWeex? findDOMNode(el).ref : findDOMNode(el)
   }
 }
```

在上面的示例中，主要用到了两个表达式；x 从-90 变化到 90 时对应的表达式为 x+0，y 从-90 变化到 90 时对应的表达式为 y/2+0。

7.3 API

7.3.1 事件类型

目前，BindingX 主要支持手势、动画、滚动和陀螺仪这 4 种使用场景，每一种场景都对应一个 eventType（事件类型），在绑定事件时需要选择对应的事件类型。

在 BindingX 中，每一种事件类型都提供了一些预置变量,通过让预置变量参与表达式计算，最终可以对视图状态进行修改。同时，每一种事件类型都会有若干回调，通过回调函数即可对状态进行同步操作。下面详细介绍每种事件类型的预置变量和事件回调。

pan 手势

在 pan 事件类型中，BindingX 提供了 x 和 y 两个预置变量，分别表示手指移动过程中横向和纵向的偏移量，并可以参与表达式运算。

同时，在 pan 模式下，BindingX 内置了 4 个事件回调函数，分别是手势开始、手势结束、手势触发边界条件时失效和手势取消，并且每一个回调函数都会携带当前的状态和 deltaX/deltaY 的相关信息。其中，deltaX 表示横向偏移量，deltaY 表示纵向偏移量。状态有如下 4 种。

- start: 手势开始。
- end: 手势结束。
- cancel: 手势取消。
- exit: 手势触发边界条件时失效。

timing 动画

在 timing 事件类型中， BindingX 提供了预置变量 t，代表的是动画流逝的时间，它可以参与表达式运算。

同时，在 timing 模式下，BindingX 定义了 3 个事件回调函数，分别对应动画开始、动画结束和动画执行过程中触发边界条件时失效。并且，每一个回调函数都会携带当前的状态和 t 值。其中，状态有如下 3 种。

- start: 动画开始，调用 bind()方法后被触发。

- end: 动画结束，调用 unbind()方法后被触发。
- exit: 动画执行过程中触发边界条件时失效。

scroll 滚动

在 scroll 事件类型中，BindingX 预置了一个变量 y，表示滚动容器的滚动偏移量 scrollTop，该变量可以参与表达式运算。变量在 Android 上从 0 开始，在 iOS 上由于有弹簧效果，因此可以为负值。scroll 事件支持的变量的具体说明如下所示。

- x: 滚动容器的横向绝对偏移量，即 contentOffsetX。
- y: 滚动容器的纵向绝对偏移量，即 contentOffsetY。
- dx: 滚动容器相邻两次 onScroll 事件的横向偏移量差值（当前值-上一次值）。根据此变量可判断滚动方向。
- dy: 滚动容器相邻两次 onScroll 事件的纵向偏移量差值。根据此变量可判断滚动方向。
- tdx: 滚动容器距离最近一次滚动方向的变化点的横向偏移量。
- tdy: 滚动容器距离最近一次滚动方向的变化点的纵向偏移量。

同时，在 scroll 模式下，BindingX 定义了 3 个事件回调函数，分别是开始绑定、结束绑定、绑定过程中触发边界条件时失效。每一个回调函数都会携带当前的状态、横向和纵向的绝对偏移量。其中，状态有如下 3 种。

- start: 开始绑定，调用 bind()方法后被触发。
- end: 结束绑定，调用 unbind()方法后被触发。
- exit: 绑定过程中触发边界条件时失效。

orientation 陀螺仪

与 W3C 定义的 DeviceOrientation 一致，BindingX 的 orientation 主要用于监听设备在方向上的变化。

在 orientation 模式下，BindingX 内置了变量 x 和 y。其中，变量 x 表示 alpha、gamma 合成的代表横向位移的值，变量 y 表示伴随 beta 角改变的纵向位移的值，值范围为-90~90，它们都可以参与表达式运算。orientation 支持的变量的具体说明如下所示。

- y: beta 角度变化时动画元素的垂直位移，范围为-90~90。
- alpha: 以 z 轴为轴心的旋转角度，取值范围为 0~360。
- beta: 以 x 轴为轴心的旋转角度，取值范围为-180~180。
- gamma: 以 y 轴为轴心的旋转角度，取值范围为-90~90。
- dalpha: 当前 alpha 值与起始 alpha 值之间的偏移值。
- dbeta: 当前 beta 值与起始 beta 值之间的偏移值。

- dgamma：当前 gamma 值与起始 gamma 值之间的偏移值。

在 orientation 模式下，BindingX 内置了 3 个事件回调函数，分别表示开始绑定、结束绑定和绑定过程中触发边界条件时失效，每一个回调函数都会携带 state、alpha、beta、gamma 这些信息。

- state：主要有 start、end 和 exit 这 3 种状态。
- alpha：以 z 轴为轴心的旋转角度，取值范围为 0~360。
- beta：以 x 轴为轴心的旋转角度，取值范围为-180~180。
- gamma：以 y 轴为轴心的旋转角度，取值范围为-90~90。

7.3.2 表达式

在 BindingX 动画框架中，编写的表达式会通过 parser 工具生成抽象语法树，然后由客户端提供的解析引擎解析这个语法树，并计算出结果。目前 parser 支持基本四则运算、逻辑运算、比较运算，以及常见的函数运算。

7.3.3 目标属性

BindingX 目前支持对大部分视图进行操作，这些操作包括 translate、scale、rotate 和 scroll 等，支持的操作方式如下。

- transform.translate：在 x 与 y 方向上平移。
- transform.translateX：在 x 方向上平移。
- transform.translateY：在 y 方向上平移。
- transform.scale：在 x 与 y 方向上缩放。
- transform.scaleX：在 x 方向上缩放。
- transform.scaleY：在 y 方向上缩放。
- transform.rotateZ：绕 z 轴旋转。
- transform.rotateX：绕 x 轴旋转。
- transform.rotateY：绕 y 轴旋转。
- opacity：透明度。
- width：宽度。
- height：高度。
- background-color：背景色。
- color：文字颜色。

- scroll.contentOffset：控制 scroller 滚动事件的 contentOffset 值。
- scroll.contentOffsetX：控制 scroller 滚动事件的 contentOffsetX 值。
- scroll.contentOffsetY：控制 scroller 滚动事件的 contentOffsetY 值。

7.3.4 插值器

众所周知，动画就是由静态图像逐帧播放形成的，而插值器就是用来控制动画变化速度的。BindingX 预置了一组缓动函数，可以在 timing 动画中使用缓动函数来实现复杂的动画效果，函数的格式如下：

```
easingFunction(t, begin, changeBy, duration)
```

其中，t 表示动画流逝的时间，begin 表示属性的起始值，changeBy 表示属性的变化值，duration 表示动画时长。

下面是使用动画插值器实现在 x 轴上的平移随时间变化的过程示例：

```
const bindingx = ...//require module
let result = bindingx.bind({
  eventType:'timing',
  props:
    [
      {
          element:my,
          property:'transform.translateX',
          expression:'easeOutElastic(t,0,500,2000)'
      }
    ]
},function(e){
    //TODO
})
```

缓动函数可以指定动画在执行时的速度，使其看起来更加真实。我们还可以使用 cubicBezier() 函数来定制贝塞尔曲线，以实现复杂的动画，cubicBezier() 函数的格式如下：

```
cubicBezier(t, begin, changeBy, duration, controlX1, controlY1, controlX2, controlY2)
```

其中，controlX1 表示第一个控制点 x 的坐标，controlY1 表示第一个控制点 y 的坐标，controlX2 表示第二个控制点 x 的坐标，controlY2 表示第二个控制点 y 的坐标。

7.3.5 颜色函数

众所周知，颜色的最终显示效果是由红（R）、绿（G）、蓝（B）这 3 种颜色分量控制形成的，所以实现颜色渐变效果就需要对每个颜色的分量做渐变控制。例如，下面是一个实现手势横向移动 650 个单位，颜色值从#ff0000 渐变到#0000ff 的例子：

```
rgb((1- x / 650) * 255,0,x / 650*255)
```

考虑到颜色值通常是以#rrggbb 格式书写的，所以为了方便代码的书写和维护，官方提供了一个用于颜色计算的估值器函数 evaluateColor()，格式如下：

```
evaluateColor(startColor, endColor, fraction)
```

其中，startColor 表示颜色的起始值，endColor 表示颜色的结束值，fraction 表示颜色的渐变进度，函数最终返回渐变结束的颜色值。如果用 evaluateColor()函数来表示之前的颜色渐变效果，则可以改为：

```
evaluateColor('#ff0000','#0000ff',min(x,650)/650)
```

当然，开发者还可以使用任意一种事件类型来驱动颜色变化，而不仅仅是使用手势来触发。

7.4 本章小结

作为一款致力于解决 WEEX 和 React Native 富交互问题的解决方案，BindingX 为实现富交互带来了可能。它的 Expression Binding（表达式绑定）机制，可以在 WEEX 和 React Native 上让手势等复杂交互操作以 60 帧/秒的速度流畅执行，而不会出现卡顿。

本章主要从基础概念、开发背景和支持的场景来介绍 BindingX 的相关内容。BindingX 支持 4 种使用场景，分别是手势、动画、滚动和陀螺仪，每种场景都有其特别的用途，并且可以组合使用。

第 8 章 WEEX Eros App 开发实战

8.1 WEEX Eros 简介

随着 WEEX 跨平台技术的持续火热，一时间涌现出了一大批基于 WEEX 的开源技术方案，而 Eros 就是一个面向前端 Vue.js 的开源解决方案。当然，类似的开源方案还有很多，比较出名的还有 WeexPlus 和 WeexBox 等。

众所周知，如果直接使用 WEEX 来开发应用程序会遇到不少问题，诸如初始化启动的环境问题、项目工程化问题、版本升级与版本兼容问题和不支持增量更新等，而 Eros 就是致力于解决上述问题的开源解决方案。

Eros 的定位不是组件库，它关心的是整个 App 项目的构建和管理。在 WEEX 的强力支持下，用一份 Vue.js 代码即可编译出 iOS、Android 两端原生的 App，并且通过 Eros 内置的热更新逻辑和开源的服务器逻辑开发出的 App 还具有热更新能力。

相比于其他 WEEX 解决方案，Eros 的优势在于，让使用 Vue.js 的开发者可以用最少的代码解决 WEEX 版本升级和应用的兼容性问题，能够及时跟进 WEEX 的新特性，即使前端开发者不了解客户端底层原理，也能开发出高质量的跨平台移动应用。

目前，Eros 只支持开发 iOS 和 Android 移动应用，暂不支持 Web 平台下的开发。同时，在 macOS 环境和 Windows 环境下都能够使用 Eros 进行开发，但是官方更推荐在 macOS 环境下开发，因为在 Windows 环境下可能会遇到很多 node-sass 等环境问题。

8.2 快速入门

使用 Eros 开发移动应用需要具备以下软件环境。
- Android 4.1 (API 16)。

- iOS 8.0 及更高版本。
- WebKit 534.30 及更高版本。

8.2.1 搭建环境

除了安装一些必需的软件（如 Node.js、Git 等），Eros 还依赖于 eros-cli 脚手架。全局安装 eros-cli 的命令如下：

```
npm i eros-cli -g
```

当然还可以使用淘宝的镜像地址安装，如下所示：

```
cnpm i eros-cli -g
//使用淘宝镜像地址安装
npm i -g cnpm --registry=https://registry.npm.taobao.org
```

同时，为了方便对 Eros 程序进行断点调试，建议开发者安装 WEEX 官方提供的脚手架命令行工具 weex-toolkit：

```
cnpm i -g weex-toolkit
```

除此之外，为了能够正常运行 Android 和 iOS 下的应用程序，还需要安装原生 Android 和 iOS 相关的运行环境。特别是对于 iOS 来说，还需要安装 Ruby、RubyGems 和 CocoaPods 等工具软件。

8.2.2 创建工程

和使用 weex-cli 创建工程类似，借助 eros-cli 脚手架工具可以很方便地创建 WEEX 工程，代码格式如下所示：

```
eros init <工程名> <版本号> <模板类型> <Android包名>
```

使用 eros init 方式创建工程（如图 8-1 所示）时，init 后面依次是工程名、版本号、模板类型和 Android 包名，除了工程名，其他字段都不是必需的，可以根据实际情况进行填写。需要说明的是，同一个 Android 手机上不能出现两个包名相同的应用，所以命名时要注意包名的命名规则。

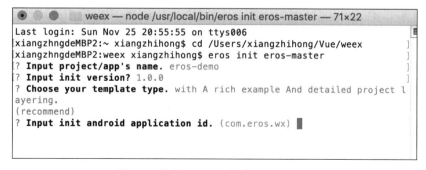

图 8-1 使用 eros init 创建 WEEX 工程

进入工程目录执行 cnpm i 命令，安装工程所需要的 node_modules 依赖包，等待依赖包安装完成，打开模板查看工程目录结构，如下所示：

```
├── config
│   ├── eros.dev.js         //脚手架相关配置
│   └── eros.native.js      //客户端相关配置
├── dist                    //静态资源生成目录
├── node_modules            //依赖的第三方库
├── scripts                 //自动化脚本
├── platforms               //平台代码
│   ├── android
│   └── ios
├── src                     //开发源码路径
│   ├── assets              //静态资源路径，一般存放图片
│   ├── iconfont            //静态资源路径，一般存放 iconfont
│   ├── js                  // JSBundle 开发路径
│   └── mock                //本地请求 mock 地址
├── CHANGELOG.md            //版本升级变动
└── package.json            //npm 项目及依赖说明
```

8.2.3 运行项目

使用 eros init 方式创建项目时，模板会默认生成 Android、iOS 原生工程结构。启动客户端应用之前，需要先使用 eros dev 指令启动服务器端的服务，启动过程中如果出现任何的错误，都可以根据错误提示来解决问题。

正式运行 Eros 的 iOS 应用程序前需要先安装工程所依赖的第三方库，可以通过在 platforms/ios/WeexEros 目录下执行 pod update 命令来拉取 iOS 工程所需要的原生依赖库，如下所示：

```
pod update
```

命令执行完毕后，会在 Pods 文件夹中看到 iOS 工程的原生依赖库，通过使用 Xcode 打开 iOS 工程目录下的 WeexEros.xcworkspace 文件来打开 iOS 工程，如图 8-2 所示。

需要说明的是，最新版本的 Xcode 在导入 iOS 工程时可能会报错，常见的错误如 "library not found for -lstdc++.6.0.9" 等，在运行项目前需要根据错误提示事先解决这些错误，然后再编译运行 iOS 工程。

对于 Android 环境来说，在 Android Studio 中依次选择【File】→【New】→【Import Project】，找到 eros 工程目录，然后依次选择【platforms】→【android】→【WeexFrameworkWrapper】，点击【OK】按钮即可打开 Android 工程，如图 8-3 所示。

图 8-2 使用 Xcode 打开 iOS 工程

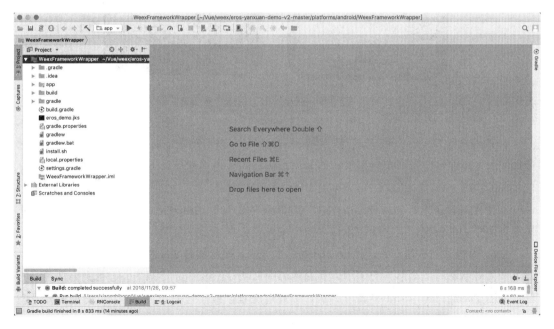

图 8-3 使用 Android Studio 打开 Android 工程

如果直接运行 Android 工程，则工程在编译时会报错，需要在 WeexFrameworkWrapper 工程下执行 install.sh 脚本来安装 Android 工程的依赖包 nexus 和 wxframework。然后再次编译 Android 工程，没有错误后，点击 Android Studio 工具栏上的【Run】按钮即可成功运行项目，效果如图 8-4 所示。

图 8-4　Eros 示例工程运行效果

在本地进行开发时，可以运行脚手架 eros dev 指令来启动本地服务，脚手架 eros-cli 会通过读取配置文件在特定端口启动服务，而客户端访问的就是工程目录下 dist 文件通过 webpack 打包生成的 JSBundle 文件。

而生产环境下运行的客户端版本中一般都会内置一个 JSBundle 文件，这样即使断网也不会出现页面空白的情况，而会读取本地内置包的内置数据来渲染页面。

Eros 内置了拦截器开关，拦截器的主要作用就是控制加载 JavaScript 文件的方式。当拦截器处于打开状态时，会从当前工程内置的资源中加载 JavaScript 资源文件，否则会从用于开发的服务器上加载 JavaScript 资源文件。可以通过配置拦截器开关来决定访问的是服务器开发包还是内置包，如图 8-5 所示。

图 8-5　配置拦截器开关

需要注意的是，如果是使用真机进行开发，那么手机与启动服务的 PC 需要在同一个局域网内。

8.2.4　Eros 示例

新建一个 Eros 项目时，系统默认会开启拦截器，如果此时关闭调试中的拦截器并执行刷新操作，将会出现白屏，这是因为 Eros 的本地服务还没有启动。

为了更好地理解 Eros 的加载流程，下面通过一个简单的示例来说明。首先，关闭调试中的拦截器，然后使用 WebStrom 打开 Eros 工程，并在 pages 目录下新建一个 Hello.vue 文件，如下所示：

```
<template>
    <div style="margin-top: 50px;">
        <text class="title">Hello，</text>
        <text class="title">developer</text>
        <wxc-button class="btn-250" text="show eros" ></wxc-button>
    </div>
</template>
```

```
<script>
    import { WxcButton } from 'weex-ui';
    export default {
        components: { WxcButton }
    }
</script>
<style>
.title{
    font-size: 60;
}
.btn-250{
    width: 250;
}
</style>
```

修改 eros.dev.js 配置文件中的 exports，如果不需要，则可以把 eros-demo 中对应的路径都删掉，只配置需要的文件入口，如下所示：

```
"exports": [
    "js/config/index.js",
    "js/mediator/index.vue",
    "js/pages/Hello.vue"         //导出 Hello.vue
],
```

需要注意的是，eros.dev.js 文件中的 appBoard、mediator 配置和 eros.native.js 文件中的 appBoard、mediator 配置是一一对应的，如果两个文件修改时相应的配置无法对应上则会导致报错，因此建议不要随便进行修改。

如果想要改变 Eros 工程的默认首页，则需要修改 eros.native.js 文件中 page 的 homePage 路径配置：

```
"page": {
    "homePage": "/pages/Hello.js",
}
```

断开 eros dev 服务并重启服务，然后重新运行应用即可看到如图 8-6 所示的效果。

很多时候，App 会默认加载本地内置的 JSBundle 文件而不是从服务器端下载。为了将编写好的代码能够打包成 JSBundle 文件，需要使用 eros pack 打包指令：

```
eros pack
```

eros pack 打包指令提供了 eros pack ios、eros pack android、eros pack all 这 3 个指令来为不同的平台进行打包操作，如图 8-7 所示。

使用 eros pack 打包命令执行打包操作时，Eros 默认会将打包好的 JSBundle 文件内置到 Android 的 assets 或 iOS 的 xcassets 目录下。关闭调试拦截器，重新运行 App 即可看到内置 JSBundle 文件的运行效果。

图 8-6　Eros 示例的运行效果

```
xiangzhihongdeMacBook-Pro-2:eros-demo xiangzhihong$ eros pack
? what kind of platform you want to pack? all ( ios && android)
[eros] · Reload eros.native.js done.
Hash: 989dc10de8c059390664
Version: webpack 3.12.0
Time: 14615ms
```

图 8-7　使用 eros pack 进行打包操作

8.2.5　工程配置

在 Eros 项目中，整个项目只有两个配置文件，都放在项目的 config 文件夹下，分别是 eros.native.js 和 eros.dev.js。其中，eros.native.js 文件中所存放的是客户端需要读取的配置信息，eros.dev.js 文件中所存放的是开发环境需要读取的配置信息，该配置文件主要用来配置开发、调试、语法检测、mock、生成增量包和全量包等功能。

由于 eros.native.js 文件中所存放的是客户端需要读取的配置信息，因此 eros.native.js 文件

每次发生变动时,都需要重新执行命令 eros dev 并重新运行 App,如下所示:

```
{
    appName: "eros-demo",                              //工程名
    appBoard: "/config/index.js",
    androidIsListenHomeBack: "true",                   //监听 Android 物理返回键
    customBundleUpdate: 'true',                        //配置更新 JSBundle 的逻辑
    version: {
        android: "1.0.0",                              //Android 版本号
        iOS: "1.0.0"                                   //iOS 版本号
    },
    page: {
        homePage: "/pages/eros-demos/index.js",        //主页地址
        mediatorPage: "/mediator/index.js",            //中介页面地址
        navBarColor: "#3385ff",
        navItemColor:"#ffffff"
    },
    url: {
        image: "https://app.weex-eros.com/xxx/xxx",    //图片上传路径
        bundleUpdate: "http://localhosts:3001/app/check"   //JSBundle 更新接口
    },
    zipFolder: {
        server: "home/app",                            //增量发布差分包地址
        iOS: "/ios/WeexEros/WeexEros",                 //iOS 本地包地址
        android: "/android/WeexFrameworkWrapper/app/src/main/assets"
    },
    getui: {
        enabled: "false",                              //是否开启个推服务
        appId: "",
        appKey: "",
        appSecret: ""
    },
    tabBar: {
        color: '#777777',
        selectedColor: '#00b4cb',
        backgroundColor: '#fafafa',
        borderColor: '#dfe1eb',
        list: [{
            pagePath: '/pages/demo/router/tabbarItem1.js',
            text: '首页',
            icon: 'bmlocal://assets/TabBar_Item1.png',
            selectedIcon: 'bmlocal://assets/TabBar_Item1_Selected.png',
            navShow: 'true',
            navTitle: "首页"
        },
        //省略其他配置
```

```
            ]
        }
}
```

如上，是 Eros 示例项目的 eros.native.js 文件配置，具体说明如下。

- appName：表示脚手架自动生成的 App 名称。
- version：表示脚手架自动生成的工程版本号，包含 iOS 和 Android 两个子版本号，可用于增量发布时的版本判断。
- androidIsListenHomeBac：用于配置 Android 平台是否需要监听首页的物理返回键。
- customBundleUpdate：用于配置是否自定义更新 JSBundle 逻辑，默认为 true，即不使用更新逻辑。
- page：用于配置与页面相关的内容，包含 homePage、navBarColor、mediatorPage 和 navItemColor 等子配置项。其中，homePage 表示主页 JavaScript 的相对地址，mediatorPage 表示中介页面的相对地址。
- url：配置与路径相关的内容，包含 jsServer、image 和 bundleUpdate 等子配置项。其中，jsServer 用于配置本地 JavaScript 服务路径，image 用于配置图片上传的绝对路径，bundleUpdate 用于配置 JSBundle 更新接口。
- zipFolder：用于配置内置包的存放地址，包含 server、iOS 和 android 等子配置项。其中，server 表示部署在服务器上做增量发布的差分包地址，iOS 表示在 iOS 平台上内置包地址，android 表示在 Android 平台上内置包地址。
- getui：基于个推的推送服务实现配置，包含 enabled、appId、appKey 和 appSecret 子配置项。

除了上面的配置，eros.native.js 文件还有一个比较重要的配置选项——tabBar，此配置选项用于配置原生 tabBar 的相关内容。如果 App 被设计成多选项卡的样式，那么 tabBar 配置将变得非常有用。

和 eros.native.js 配置文件一样，Eros 项目的另一个配置文件 eros.dev.js 也非常重要，此配置文件主要用来让开发者在开发环境中，对开发、调试、语法检测、mock、生成增量包和全量包等进行配置，如下所示：

```
{
    exports: [                              //暴露的 JavaScript 页面文件
        "js/service/bus.js",
        "js/pages/home/index.js",
        "js/pages/demo/index.js",
        "js/pages/home/tab1/index.js",
        "js/pages/home/tab2/index.js",
    ],
    alias: {                                //文件别名
```

```
        "Components": "js/components",
        "Common": "js/common",
        "Config": "js/config",
        "Widget": "js/widget",
        "Pages": "js/pages",
        "Utils": "js/utils"
    },
    eslint: false,                        //eslint 检查配置
    server: {                             //服务的路径和端口配置
        "path": "./",
        "port": 8889
    },
    diff: {
        "pwd": "/Users/yangmingzhe/Work/opensource/eros-diff-folder",
        "proxy": "https://app.weex-eros.com/source"
    },
    proxy: [{                             //代理配置
        "route": "/test",
        "target": "127.0.0.1:52077/test"
    }],
    mockServer: {
        "port": 52077,
        "mockDir": "./dist/mock"
    },
    socketServer: {
        "switch": true,
        "port": 8890
    }
}
```

如上，是 Eros 工程的 eros.dev.js 文件的相关配置，具体说明如下。

- exports：暴露出的页面对应的 JavaScript 文件，App 中的每个页面本质上都对应一个 JavaScript 文件。
- alias：文件别名，便于快速地访问指定目录的文件。
- eslint：项目在进行编译时是否需要进行 eslint 检查。
- server：运行 eros dev 服务的路径和端口配置，使用默认配置即可。
- proxy：代理相关的配置，使用默认配置即可，此配置会把/test 路径对应的请求代理到 127.0.0.1:52077/test 上。
- mockServer：本地的 mock 测试数据服务。
- socketServer：用于配置热更新服务的开关和端口。

8.2.6 开发调试

在根目录运行 eros dev 指令时，脚手架会在工程的根目录下生成 dist 文件用于存放 JSBundle 文件。

对于本地开发环境来说，Eros 默认开启调试功能。如果要关闭 Debug 功能，可以依次点击【Debug】→【Setting】→【Interceptor】来关闭拦截器，然后点击【Refresh】按钮或者双击屏幕上的【Debug】按钮来刷新页面，此时就会重新从服务器端加载最新的 JavaScript 文件。

同时，Eros 还支持热更新功能，即修改代码保存（快捷键"command + S"）时页面会自动更新，可以通过 Setting 面板的【HotRefresh】开关按钮来打开热更新，如图 8-8 所示。同时，热更新只有在 eros dev 服务已经启动且拦截器关闭的情况下才会生效。

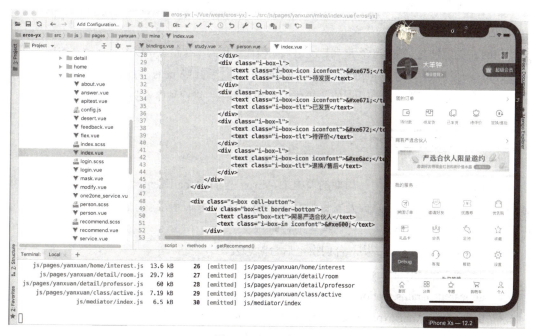

图 8-8　Eros 热更新

如果要在真机上进行断点调试，则需要重复上面的调试步骤，然后执行命令 weex debug，执行完毕后系统会自动唤起 Chrome 浏览器打开调试主页，并展示出用于调试的二维码。如果要调试某个指定的页面，则可以使用如下命令：

```
weex debug [folder|file]
```

在 App 中点击【调试】按钮，在弹出框中点击【调试】选项，并使用脚手架工具提供的扫一扫功能扫描用于调试的二维码，然后选择【Debugger】选项即可开始断点调试。

8.2.7 增量发布

在传统的原生应用开发中，如果代码发生改变，则需要重新将应用发布到市场，也需要重新走审核逻辑，然后用户需要更新应用才能体验到相关的功能。而对于 WEEX 或 React Native 等 JavaScript 跨平台开发方案来说，如果项目中的业务逻辑发生变动，则只需要使用增量发布即可完成更新。

借助 eros-cli 脚手架工具，开发者可以快速生成全量包和增量包，如下所示：

```
eros build            //全量包
eros build -d         //增量包
```

然后，将生成的增量包放到服务器中，当应用再次启动时就会默认加载更新的内容。

8.3 组件

Eros 中的组件是前端基于客户端拓展出来的模块进行的二次封装，以 Vue.js 插件的形式，通过 Appboard 全部注入客户端的 framework 中，使用时可以直接通过 Vue.js 中的 this 关键字来快速访问。下面对使用 Eros 开发跨平台应用时官方提供的一些常用组件进行具体说明。

8.3.1 globalEvent

在不影响 Vue.js 实例生命周期的前提下，Eros 基于 globalEvent 暴露出额外的事件以供开发者使用，从而使得 Eros 页面开发更加高效可控。这些生命周期钩子函数如下。

- appActive()：App 从后台切换至前台时触发。
- appDeactive()：App 从前台切换至后台时触发。
- beforeAppear(params, options)：首次进入页面，在页面即将出现时触发。
- appeared(params, options)：首次进入页面，在页面已经出现时触发。
- beforeBackAppear(params, options)：从其他页面返回本页面，在本页面即将出现时触发。
- backAppeared(params, options)：从其他页面返回本页面，在本页面已经出现时触发。
- beforeDisappear(options)：在页面即将消失时触发。
- disappeared(options)：在页面已经消失时触发。
- pushMessage(options)：收到个推发送信息且在使用页面时触发。

示例代码如下：

```
export default {
    created() {},
    eros: {
```

```
    //与 App 前后台切换相关
        appActive() {},                          // App 从后台切换至前台
        appDeactive() {},                        // App 从前台切换至后台

        //与页面周期相关
        beforeAppear (params, options) {},       //页面即将出现时
        beforeBackAppear (params, options) {},   //返回本页面时
        appeared (params, options) {},           //页面已经出现时
    backAppeared (params, options) {},           //返回本页面时
        beforeDisappear (options) {},            //页面消失前
        disappeared (options) {},                //页面已经消失

        //个推通知
        pushMessage (options) {}
    }
}
```

由于 Eros 提供的钩子函数都是异步的，因而不用担心任何阻塞进程的问题，合理地使用钩子函数可以大大提高开发效率。同时，请不要在<embed>标签中使用生命周期钩子函数，因为<embed>包裹的内容是不会触发全局事件的。

8.3.2　Axios

在 Vue.js 1.x 版本中，Vue.js 要与后台 API 进行交互通常需要用到 vue-resource 库来实现。不过，随着 Vue.js 2.0 版本的发布，官方宣布不再维护 vue-resource 库，并推荐开发者使用 Axios 来代替原来的网络请求，Axios 开始逐渐被开发者所熟知。Axios 是一个基于 Promise 的 HTTP 库，可以同时用于浏览器和 Node.js 开发，它本身具有以下一些作用：

- 从浏览器中创建 XMLHttpRequest。
- 通过 Node.js 发出 HTTP 请求。
- 支持 Promise API。
- 拦截请求和响应。
- 转换请求和响应数据。
- 取消请求。
- 自动转换 JSON 数据。
- 防止 CSRF/XSRF 的客户端支持。

目前，Axios 能够支持 IE7 以上版本的 IE 浏览器，以及市面上的主流浏览器。Eros 默认集成了对 Axios 的支持，如果使用其他框架，则使用前需要先安装 Axios 依赖，如下所示：

```
npm install axios --save
```

通常，App 与后端进行数据交互的格式为 JSON，也是业内广泛使用的格式。如果使用 JSON

进行数据交互,请确保服务器端返回的 header 的 content-type 值为 application/json 类型,否则可能出现无法正常解析数据的情况。下面是在 Vue.js 开发中使用 Axios 请求数据的示例:

```
//使用 GET 方式请求数据
axios.get('/user',{
    params:{
        ID:12345
    }
}).then(function(response){
    //成功时回调
  }).catch(function(error){
    //失败时回调
});

//使用 POST 方式请求数据
axios.post('/user',{
    firstName:'friend',
    lastName:'Flintstone'
})
.then(function(response){
    //成功时回调
})
.catch(function(error){
    //失败时回调
});
```

除此之外,Axios 也支持多重并发请求,其作用类似于 Promise.all()。也就是说,使用 axios.all() 发起数据请求时,只有请求全部返回成功时才算成功,如果其中有一个请求出现错误,那么请求就会停止,如下所示:

```
function getUserAccount(){
    return axios.get('/user/12345');
}

function getUserPermissions(){
    return axios.get('/user/12345/permissions');
}

axios.all([getUerAccount(),getUserPermissions()])
    .then(axios.spread(function(acc,pers){
        //两个请求都返回成功
})
    .catch(function(error){
        //有一个请求返回失败
});
```

和 Vue.js 中请求数据的方式类似,Axios 支持 GET、POST、HEAD 和 PUT 等常见的请求方式。与 Vue.js 使用的默认请求方式不同，Eros 封装了 Axios 请求，使得请求更加方便高效。

在使用 Axios 请求数据之前，建议在 config/index.js 配置文件中配置一些基本的请求参数：

```
ajax: {
    baseUrl: 'http://app.weex-eros.com:52077',
    //接口别名
    apis,
    //接口超时时间
    timeout: 30000,
    //请求发送统一拦截器（可选）
    requestHandler (options, next) {
        console.log('request-opts', options)
        next()
    },
    //请求返回统一拦截器（可选）
    responseHandler (options, resData, resolve, reject) {
        const { status, errorMsg, data } = resData
        if (status !== 200) {
            reject(resData)
        } else {
            resolve(data)
        }
    }
}
...
```

借助 Eros 封装的 Axios 工具文件，开发者可以很方便地进行数据请求，axios.js 位于项目的 src/js/widgets/src 目录下。例如，下面是一个常见的 GET 请求：

```
this.$fetch({
    method: 'GET',
    name: 'common.getInfo',      //配置的 apis 别名，也可以使用绝对路径
    data: {
        count: 1
    }
}).then(resData => {
    // 请求成功时回调
    console.log(resData)
}, error => {
    // 请求失败时回调
    console.log(error)
})
```

在使用 Axios 组件发送数据请求时，参数 name 可以使用 config/index.js 文件中配置的 apis 别名来请求数据，也可以使用绝对请求路径来请求数据。为了更好地使用 Axios 组件完成数据请求，Axios 组件提供了如下一些常用的 API。

- method()：请求方式，分为 GET、POST、HEAD、PUT、DELETE 和 PATCH。

- name()：请求地址，如果已经在 config/apis.js 中配置了接口的请求别名，则可以直接使用别名来进行网络请求。
- url()：如果不想配置别名，则可以直接输入相对路径或者绝对路径来请求数据。
- data()：请求携带的参数。
- params()：请求路径的动态参数，如 url:api/product/{productId}。
- header()：数据请求的请求头设置。
- then()：返回 Promise 接口时触发。

8.3.3 Router

Router 是 Vue.js 官方的路由管理器，主要用于对 Vue.js 页面进行管理和导航控制。在 Eros 开发中，Eros 对 Vue.js 的路由进行了二次封装，以更符合客户端开发的需求。在 Eros 项目开发中，与项目相关的页面需要在 config/routes.js 文件中进行配置，然后才能使用这些配置的页面进行跳转操作，如下所示：

```
export default {
    // 首页
    'home': {
        url: '/pages/home/index.js',
    },
    'demo': {
        url: '/pages/demo/index.js',
        title: '新闻'
    }
}
```

在配置路由时，如果不设置 title 属性，则导航栏是自动隐藏的。通常，主页的导航栏默认是隐藏的，如果需要显示，则可以在全局事件 eros.beforeAppear 中调用 this.$nav.setNavigationInfo 来进行设置。除此之外，Router 还提供了如下一些常用的 API。

- $router.open()：跳转到一个新的页面。
- $router.back()：返回到之前的某个页面。
- $router.getParams()：获得 open 的时候传递的参数。
- $router.refresh()：重载当前 WEEX 实例。
- $router.setBackParams()：为返回的页面传递参数。
- $router.toWebview()：跳转到一个指定的网页。
- $router.setHomePage()：重新设置启动的首页，并立即跳转页面。

为了更好地理解 Router 的 API，下面通过一个由页面跳转进行参数传递的例子来说明 Router 的基本使用方法，效果如图 8-9 所示。

图 8-9　通过 Router 由页面跳转进行参数传递的示例效果

然后，在文件的<script>标签中添加一个 openEros()方法，并在此方法中使用 params 包裹需要传递的参数。然后，为按钮的点击事件绑定 openEros()方法，当点击按钮时 Router 就会根据 config/routes.js 文件的配置找到需要跳转的页面，如下所示：

```
methods: {
    openEros() {
        this.$router.open({
            name: 'Eros',              //config/routes.js 配置的别名
            params:{name:'zhangsan'}   //传递参数
        })
    }
}
```

然后，新建一个页面 b.vue 作为跳转后的页面。如果要获取上一个页面传递过来的参数，则可以使用 this.$router.getParams()来获取，如下所示：

```
<template>
    <div style="margin-top: 50px;">
        <text class="title">获取参数</text>
        <text class="content">{{param}}</text>
    </div>
</template>
```

```
<script>
    export default {
        created() {
            this.getParam()
        },
        data(){
            return {
                param: {}
            }
        },
        methods: {
            //获取传递的参数
            getParam() {
                this.$router.getParams().then(resData => {
                    this.param=resData
                })
            }
        }
    }
</script>
<style>
    ...
</style>
```

需要说明的是，要实现页面跳转，还需要在 config/routes.js 文件中注册路由配置，如下所示：

```
export default {
    'Eros': {                                    //路由别名
        title: 'router',
        url: '/pages/eros.js',                   //页面对应的 JavaScript 文件地址
    },
}
```

其中，属性 url 是必需的，表示页面对应的 JavaScript 文件地址，通常位于源码的 pages 目录下。属性 title 是非必需的，用来表示导航栏的标题。

使用$router.open()打开一个新页面时，除了可以使用实例中的 name 和 params 参数，还有如下一些参数需要注意。

- type：页面打开方式，支持 PUSH 右侧打开和 PRESENT 底部弹出两种打开方式，默认使用 PUSH 方式。
- params：需要传递的参数。
- canBack：目标页面是否可以返回。
- gesBack：目标页面是否开启手势返回，目前仅支持 iOS 平台。
- navShow：是否显示导航条。

- navTitle：导航条标题文案。
- statusBarStyle：状态栏样式，支持 Default 和 LightContent 两种样式。
- backCallback：页面返回时的回调函数。
- backgroundColor：原生页面的背景颜色。

如果希望在返回上一个页面时携带所返回的数据，则可以使用$router.back()函数，如下所示：

```
this.$router.back({
    length: 2,
    type: 'PUSH',
    callback() {          //返回成功时回调
    }
})
```

$router.back()有 3 个重要的参数：length 表示返回之前的第几个页面，type 表示页面打开的方式，callback()表示页面返回时的回调处理函数。

除此之外，Eros 的 Router 还可以使用$router.toWebview()函数来直接打开应用内置的 Webview 组件，具体使用方式如下：

```
this.$router.toWebview({
    url: '',
    title: '',
    navShow: true
})
```

同时，向 Webview 运行环境中注入一个 bmnative 对象，用于 JavaScript 与原生平台进行交互，JavaScript 可以直接调用 bmnative 对象的方法，如下所示：

```
bmnative.closePage()                          //关闭 Webview 页面
bmnative.fireEvent('event', 'info');          //通过 bmEvents 注册事件，用于与 WEEX 交互
```

如果要使用系统浏览器来打开 Webview 页面，则可以使用$router.openBrowser()方法，如下所示：

```
this.$router.openBrowser(url)
```

8.3.4 storage

storage 是前端开发中一个比较常用的模块，主要用于对本地数据进行存储、查询、修改和删除等操作，并且保存的数据是永久有效的，除非手动清除数据或者使用代码将其清除。Eros 对 WEEX 的 storage 模块进行了二次封装，源码位于 widgets/storage.js 目录下。

使用 Eros 的 storage 模块对数据进行增删改查操作时，操作都是异步的且会返回 Promise 对象。需要说明的是，storage 目前只支持对字符串或 JSON 对象进行操作，同时系统会自动把数字变为字符串进行存储。

在 Eros 中使用 storage 模块，对数据的操作分为异步和同步两种方式，如下所示：

```
this.$storage.set('name', 'weex-eros').then(resData => {}, error => {})   //异步
this.$storage.setSync('name', 'weex-eros')                                //同步
```

同步和异步操作有着不同的用途并会产生不同的结果。同步操作一旦被调用，调用者必须等到调用方法返回结果后才能继续进行后续的操作。而异步操作无须等待返回结果就可以继续进行后续的操作。

除了可以使用 setSync() 进行同步保存信息的操作，storage 模块还提供了如下一些 API 实现其他操作。

- set()：异步保存信息。
- get()：异步获取信息。
- getSync()：同步获取信息。
- delete()：异步删除信息。
- deleteSync()：同步删除信息。
- removeAll()：异步删除所有本地信息。
- removeAllSync()：同步删除所有本地信息。

为了更好地理解 storage 模块，下面通过一个简单的增删查示例来讲解 storage 的基本操作，效果如图 8-10 所示。

图 8-10　增删查示例效果

要使用 storage 模块实现数据的增删查操作，可以参考下面的示例代码：

```
<template>
    <div style="margin-top: 50px;">
        <wxc-button text="保存数据" @wxcButtonClicked="saveData"/>
        <wxc-button text="查询数据" @wxcButtonClicked="getData"/>
        <text>获取的数据: {{name}}</text>
        <wxc-button text="删除数据" @wxcButtonClicked="delData"/>
        <wxc-button text="删除所有数据" @wxcButtonClicked="delAllData"/></div>
</template>
<script>
    import {WxcButton} from 'weex-ui';

    export default {
        components: {WxcButton},
        data(){
            return {
                name: ''
            }
        },
        methods: {
            saveData() {
                this.$storage.set('name', 'weex-eros')
                    .then(resData => {
                    }, error => { })
            },
            getData() {
                this.$storage.get('name').then(resData => {
                    this.name=resData
                })
            },
            delData() {
                this.$storage.delete('name').then(resData => {
                    if (resData){
                        this.name=''
                    }
                })
            },
            delAllData() {
                this.$storage.removeAll().then(resData => {
                    if (resData){
                        this.name=''
                    }
                })
            }
        }
    }
</script>
```

```
<style>
    //…
</style>
```

8.3.5　event

在 WEEX 开发中，globalEvent 可以用于监听持久性事件，例如定位信息、陀螺仪的变化等。与 WEEX 提供的 globalEvent 有所不同，Eros 的 event 主要负责不同的 JavaScript 页面之间的通信，而 globalEvent 主要负责客户端和 JavaScript 之间的通信。

例如有两个页面，分别为 A.js 和 B.js，如果 B 页面要给 A 页面发送一个事件，则可以使用下面的方式。首先，在 A 页面中注册一个事件用于监听 B 页面发送过来的事件，并添加用于监听的回调函数，如下所示：

```
this.$event.on('AeventName', params => {})
```

然后，在 B 页面触发这个事件，就可以将事件发送给 A 页面。

使用 Eros 发布订阅事件时，不建议发送大量的数据，因为状态和事件都会随着 App 的关闭而销毁，极易造成传递过程中的数据丢失。如果需要在本地对数据进行持久化存储，则可以借助 storage 模块来实现。

为了便于操作 event 事件，Eros 提供了一些常用的 API：

- $event.on()：注册事件，可响应多次。
- $event.once()：注册事件，只响应一次。
- $event.emit()：触发事件监听。
- $event.off()：解绑指定的注册事件。
- $event.offall()：解绑全部注册事件。

下面是 event 事件的具体格式：

```
this.$event.on('eventName',(params) => {
    // params 为触发该事件所传的参数
});

this.$event.once('eventName',(params) => {});

this.$event.emit('eventName',params)

this.$event.off('eventName',(result) => {});

this.$event.offall();
```

Eros 的 event 事件类似于一个广播事件，不仅可以用于多页面的通信，还可以在单个页面中进行事件通信。下面是一个 event 的使用示例，页面在收到通知后会刷新界面：

```
<template>
    <div>
```

```
            <wxc-button text="触发事件" @wxcButtonClicked="sendEvent"/>
            <wxc-button text="解绑事件" @wxcButtonClicked="offEvent"/>
            <text class="content">监听事件: {{name}}</text>
        </div>
</template>
<script>
    import {WxcButton} from 'weex-ui';

    export default {
        components: {WxcButton},
        created(){
            this.regEvent()
        },
        data(){
            return {
                name: ''
            }
        },
        methods: {
            regEvent(){
                this.$event.on('eventName',(params) => {
                    this.name=params
                });
            },
            sendEvent() {
                this.$event.emit('eventName','hello')
            },
            offEvent() {
                this.$event.off('eventName',(result) => {
                });
            }
        }
    }
</script>
<style>
    //…
</style>
```

使用 eros dev 启动 Eros 项目并刷新客户端程序，其运行效果如图 8-11 所示。

图 8-11　使用 event 进行事件操作的示例效果图

8.3.6 image

在移动应用开发中，image 可以说是除文本外最重要的组件。在 WEEX 开发中，Eros 对 image 组件进行了深度的封装，源码位于 widgets/src/image.js 文件中。

使用 Eros 封装 image 组件后，开发者可以很方便地利用该组件完成图片上传和预览等功能的开发。并且，image 组件提供了 pickAndUpload()、upload()、browser()、camera()等功能函数。下面是使用 pickAndUpload()函数选择本地图片并上传到服务器的示例：

```
this.$image.pickAndUpload({
    url: '',                    //图片上传地址
    maxCount: 9,                //一次最多可选择的图片数量
    imageWidth: 1000,           //图片宽度
    allowCrop: true,            //是否允许编辑
    params: {},                 //传递的参数
    header: {}                  //自定义请求 header
})
.then(resData => {
    console.log(resData)
}, error => {
    console.log(error)
})
```

其中，url 表示图片的上传地址，默认路径是 eros.native.js 中的 url.image，实际使用时请更改为自己服务器的地址。同时，上传图片时请将 content-type 的值设置为 image/jpeg 或 image/png，将 content-disposition 的 name 字段的值设置为 file。

如果使用拍照方式上传图片，则需要借助 camera()和 upload()两个函数。首先使用 camera()进行拍照，拍照成功后会返回图片的相对地址：

```
this.$image.camera({
    imageWidth: '800',          //图片宽度，默认为 800px
    allowCrop: true             //是否允许编辑
})
.then(resData => {
    console.log(resData)
}, error => {
    console.log(error)
})
```

然后使用 upload()函数上传照片，如下所示：

```
this.$image.upload({
    url: '',                    //自定义图片上传地址
    params: {},                 //传递的参数
    header: {},                 //自定义请求 header
    source: []                  //图片路径
```

```
})
.then(resData => {
   console.log(resData)
}, error => {
   console.log(error)
})
```

除了选择图片上传和拍照上传的功能,大图预览也是客户端开发中一个比较重要的功能,借助 image 组件的 preview() 函数,开发者可以很容易地实现本地和远程的图片预览功能,其效果如图 8-12 所示。

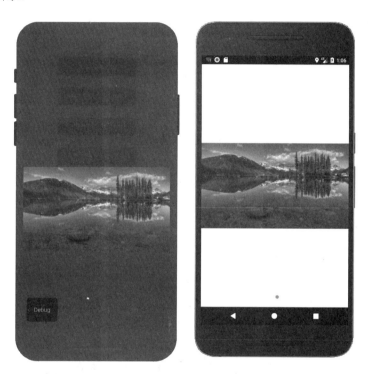

图 8-12　使用 image 组件进行大图预览的示例效果

下面是具体的使用示例:

```
this.$image.preview({
    index: 2,                                //图片下标
    images: ['图片地址1','图片地址2'],        //图片的网络地址
})
```

8.3.7　notice

在原生应用开发中,弹窗是一类非常常见的组件。在 WEEX 开发中,实现弹窗效果一般会

基于 model 模块进行封装，Eros 的 notice 组件就是基于 model 模块的深度封装，源码位于 widgets/src/notice.js 文件中。

notice 组件主要包括 alert、confirm、loading 和 toast 这 4 种类型。alert 是一种比较常见的单按钮弹窗，其样式如图 8-13 所示。

图 8-13　单按钮弹窗示例

alert 提供如下 4 种 API。

- title：弹窗标题。
- message：弹窗文案信息。
- okTitle：弹窗中【确认】按钮的文案。
- callback()：弹窗中【确认】按钮的回调函数。

alert 的使用示例如下：

```
this.$notice.alert({
    title: '这是一个弹窗',
    message: '消息',
    okTitle: '确认',
    callback() {
        //点击【确认】按钮的回调
    }
})
```

除了单按钮弹窗，双按钮弹窗也是一种比较常见的弹窗，样式如图 8-14 所示。

图 8-14　双按钮弹窗示例

cofirm 提供如下 6 种 API。

- title：弹窗标题。

- message:弹窗信息。
- okTitle:弹窗中【确认】按钮的文案。
- cancelTitle:弹窗中【取消】按钮的文案。
- okCallback():弹窗中【确认】按钮的回调函数。
- cancelCallback():弹窗中【取消】按钮的回调函数。

confirm 的使用示例如下:

```
this.$notice.confirm({
    title: '这是一个弹窗',
    message: '消息',
    okTitle: '确认',
    cancelTitle: '取消',
    okCallback() {
        //点击【确认】按钮的回调
    },
    cancelCallback() {
        //点击【取消】按钮的回调
    }
})
```

除了 alert 和 confirm,loading 加载框也是开发中比较常见的交互效果。Eros 对加载的样式进行了封装,并提供了如下两种 API。

- show:显示 loading 方法。
- hide:隐藏 loading 方法。

loading 加载框的使用示例如下:

```
this.$notice.loading.show("loading展示文案")        //显示 loading
this.$notice.loading.hide()                         // 隐藏 loading
```

toast 也是一种比较常见的提示弹窗,是一种轻量级且不需要进行人机交互的提示文案,使用示例如下:

```
this.$notice.toast({ message: '消息'})
```

8.3.8 自定义组件

尽管 Eros 已经提供了很多实用的小组件,但仍然不能满足实际的开发需求。此时,最有效的方式是通过暴露出来的模块来自定义组件。下面以基于 bmModal 模块创建自定义 Toast 为例,来说明在 Eros 中如何实现自定义组件。

首先,在 src/js 目录下创建一个 widget 文件夹并新建一个 toast.js 文件,然后添加如下代码:

```
var modal = weex.requireModule('bmModal'),
    Toast = Object.create(null)
```

```js
Toast.install = (Vue, options) => {
    Vue.prototype.$toast = (options) => {
        if(!options.message) return
        modal.toast({
            message: options.message,
            duration: options.duration || 2000
        })
    }
}

Vue.use(Toast)
```

要想使自定义组件可以被系统识别，还需要在 config/index 配置文件中注册自定义组件，导入时注意自定义组件的路径，如下所示：

```js
import '../widget/toast.js'      //自定义组件的路径
```

当然，还可以在 eros.dev.js 配置文件的 alias 节点中为自定义组件配置别名。配置完成后就可以在业务代码中使用这个自定义组件了，调用方式如下：

```js
this.$toast({
    message: '自定义 toast',
    duration: 200
})
```

8.4 模块

8.4.1 模块概念

曾经，JavaScript 没有模块的概念，也无法将一个大程序拆分成互相依赖的小模块。在 ES6 出现之前，JavaScript 社区制定了一些模块加载方案，比较有名的有 CommonJS 和 AMD，前者用于服务器开发，后者则用于浏览器开发。

ES6 出现之后，JavaScript 有了真正意义上的模块化开发体系，并成为浏览器和服务器通用的模块化开发解决方案。使用 ES6 进行模块化开发时，其核心思想就是要尽量静态化，使得程序在编译时就能确定模块的依赖关系。export 和 import 是模块最核心的两个命令：export 用于规定模块的对外接口，import 则用于输入其他模块提供的功能。在模块化开发中，一个模块可以是一个独立的文件，该文件内部的所有变量外部都无法获取，除非使用 export 关键字导出变量。

与导入 API 的方式不同，WEEX 引入自定义模块或者内置模块需要使用 requireModule()方法，如下所示：

```
weex.requireModule('moduleName')
```

通常，调用 Eros 的内置模块后，模块会以 callback()的方式返回获取到的消息。例如，使用 Eros 内置的 bmAxios 模块发送网络请求，返回的内容的数据格式如下：

```
axios.fetch({
    method: 'GET'            //请求类型有 GET、POST、HEAD、PUT、DELETE 等
    url: 'http://xxx/xxx',   //请求 API 地址
    header: {}               // 自定义请求头 requestHeader
    data: {}                 // 请求参数
    timeout: 3000            // 超时时间：默认 3000 毫秒
}, function(resData){ {
    status:200,              //HTTP 请求状态码
    errorMsg: '错误信息',     //错误提示
    data: '数据'              //返回 data
 }
})
```

众所周知，WEEX 框架使用 JavaScript 运行时来屏蔽 JavaScript 与底层平台之间的差异，本质上是利用 JavaScriptCore 的转换能力，让习惯了 JavaScript 开发的前端开发者也可以开发客户端程序。

8.4.2 bmEvents

在 Eros 框架中，event 模块主要负责跨页面的通信问题，而并非负责 WEEX 开发中 globalEvent 模块的持久性事件监听。要想在 Eros 项目中使用 event 模块实现事件通知，首先需要使用 requireModule()导入 bmEvents 模块，如下所示：

```
var event = weex.requireModule('bmEvents')
```

bmEvents 的使用方式和 Eros 提供的 event 组件类似，如下所示：

```
//注册事件，可响应多次
event.on('eventName',function(params){
    // params 为触发该事件所传的参数
});

//注册事件，只响应一次
event.once('eventName',function(params){
    // params 为触发该事件所传的参数
});

//触发事件
event.emit('eventName',params);
```

```
//取消事件
event.off('eventName',function(result){});

//取消全部事件
event.offall();
```

和 event 模块主要用于跨页面事件通知不同，globalEvent 主要用于监听持久性事件，最常用的就是监听原生页面生命周期事件。例如，开发者可以通过 globalEvent 的 addEventListener() 函数来监听原生生命周期事件：

```
var globalEvent = weex.requireModule('globalEvent');
globalEvent.addEventListener("viewWillAppear", function(type) {
    if (type === 'open') {                      //首次打开页面时的调用
    } else if (type === 'back') {               // 返回页面时的调用
    } else if (type === 'refresh') {            //刷新页面时的调用
    }
})
```

8.4.3　bmWebSocket

WebSocket 是基于 TCP 的网络协议，并在 2011 年被 IETF 定为标准的全双工通信协议，它实现了客户端与服务器端的全双工通信。

在 WebSocket 协议出现之前，双工通信是通过不停地发送 HTTP 请求并不停地从服务器端拉取更新来实现的，极易造成资源的浪费。而在 WebSocket API 中，客户端和服务器端只需要经过一次握手动作，就可以在客户端和服务器端之间建立一条通信通道，进而传递消息。

当客户端和服务器端建立 WebSocket 连接后，客户端便可以通过 send() 方法向服务器端发送数据，并通过 onmessage() 方法来接收服务器端返回的数据。使用 WebSocket 之前，需要先创建一个 WebSocket 对象，方式如下：

```
var Socket = new WebSocket(url, [protocol] );
```

其中，url 表示连接的服务器端地址，protocol 不是必填项，它表示可接受的子协议。WebSocket 使用 ws 或 wss 的统一资源标志符，而 wss 表示作用于 TLS 之上的 WebSocket，例如：

```
ws://example.com/wsapi
wss://secure.example.com/
```

默认情况下，WebSocket 使用和 HTTP 相同的 TCP 端口，即 80 端口，运行在 TLS 之上时使用 443 端口。

和浏览器的 WebSocket 类似，要想在 Eros 中使用 WebSocket，需要先创建一个 WebSocket 对象，而创建 WebSocket 需要借助 bmWebSocket，其导入方式如下：

```
var bmWebSocket = weex.requireModule('bmWebSocket')
```

然后就可以使用 bmWebSocket 的 webSocket() 方法来创建一个 WebSocket 对象，如下所示：

```
bmWebSocket.webSocket('ws://echo.websocket.org', '');
```
除了 webSocket()方法，bmWebSocket 还提供了如下属性和方法。
- send()：通过 WebSocket 连接向服务器端发送数据。
- close()：关闭 WebSocket 的连接。
- onopen()：连接建立时触发。
- onmessage()：消息事件监听器，客户端接收服务器端数据时触发。
- onclose()：关闭事件监听器，连接关闭时触发。
- onerror()：错误事件监听器，连接错误时触发。

下面是使用 bmWebSocket 模块模拟 WebSocket 建立连接、发送消息、消息监听等操作的示例。

```
var bmWebSocket = weex.requireModule('bmWebSocket')
    export default {
        data() {
            return {
                connectinfo: '',
                sendinfo: '',
                onopeninfo: '',
                onmessage: '',
                oncloseinfo: '',
                onerrorinfo: '',
                closeinfo: '',
                txtInput: '',
                navBarHeight: 88,
                title: 'Navigator',
                dir: 'examples',
                baseURL: ''
            }
        },
        methods: {
            connect: function () {
                bmWebSocket.webSocket('ws://echo.websocket.org', '');
                var self = this;
                self.onopeninfo = 'connecting...'
                bmWebSocket.onopen(function (e) {
                    self.onopeninfo = 'websocket open';
                });
                bmWebSocket.onmessage(function (e) {
                    self.onmessage = e.data;
                });
                bmWebSocket.onerror(function (e) {
                    self.onerrorinfo = e.data;
                });
```

```
            bmWebSocket.onclose(function (e) {
                self.onopeninfo = '';
                self.onerrorinfo = e.code;
            });
        },
        send: function (e) {
            var input = this.$refs.input;
            input.blur();
            bmWebSocket.send(this.txtInput);
            this.sendinfo = this.txtInput;
        },
        oninput: function (event) {
            this.txtInput = event.value;
        },
        close: function (e) {
            bmWebSocket.close();
        },
    },
}
```

使用 eros dev 命令启动后台服务，然后在客户端运行上面的代码，效果如图 8-15 所示。

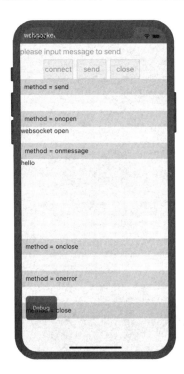

图 8-15　使用 bmWebSocket 模块模拟 WebSocket 通信的示例效果

8.4.4　bmBundleUpdate

与原生开发相比，WEEX 框架的一个核心优势就是可以实现热更新，而 Eros 提供的热更新模块可以让开发者快速接入热更新服务。如果开发者不想使用 Eros 默认的热更新配置，则可以在 eros.native.js 文件中将参数 customBundleUpdate 的值设置为 true，然后使用 bmBundleUpdate 模块来自定义热更新逻辑。

使用 bmBundleUpdate 模型自定义更新逻辑前，需要先使用 requireModule() 方法导入 bmBundleUpdate 模块：

```
var bmBundleUpdate = weex.requireModule('bmBundleUpdate')
```

使用 bmBundleUpdate 模块实现热更新时，需要开发者自定义更新逻辑，具体需要实现 getJsVersion()、update() 和 download() 等几个函数。其中，download() 用于下载 JSBundle 更新文件资源，update() 用于资源下载并在下载完成后更新应用资源，getJsVersion() 则用于获取 JavaScript 资源的版本信息。具体的使用方法如下：

```
//获取 JavaScript 资源版本号
bmBundleUpdate.getJsVersion(version => {
})

//下载 JSBundle 更新资源
bmBundleUpdate.download({
    path:'url',  // JSBundle 更新文件资源的下载地址
    diff: true   // 是否下载差分包
}, resData => {
//   resData = {
//       status: 0 || 9,  // 0 表示成功，9 表示失败
//       errorMsg: '成功或失败的描述信息',
//   }
})

//应用更新资源
bmBundleUpdate.update()
```

使用 bmBundleUpdate 自定义更新逻辑后，重新启动项目，就可以从指定的服务器下载对应的差分包并更新。

8.5　开发配置

WEEX 一方面采用 JavaScript 开发，以大大提高开发效率，另一方面采用原生渲染，以最大程度地还原产品体验。不过，作为一个表现层的跨平台技术方案，WEEX 项目的打包上架等

过程仍然需要在原生平台处理。

8.5.1　Android 原生配置

作为一个跨平台解决方案，WEEX 在创建项目的过程中自动为项目添加 Android、iOS 相关的开发与运行环境，可以在 WEEX 工程的 platforms 目录下找到 Android、iOS 原生工程。

使用 WEEX 或 Eros 框架创建工程时，原生工程使用的是默认配置，因此在工程上线之前，需要对应用名称、应用图标和版本号等进行单独的设置。

如果需要修改 Android 工程的应用名称，使用 Android Studio 打开 WEEX 项目中的原生 Android 工程，并打开 app/src/main/res/values 目录下的 strings.xml 文件，修改节点 app_name 的值即可，如图 8-16 所示。

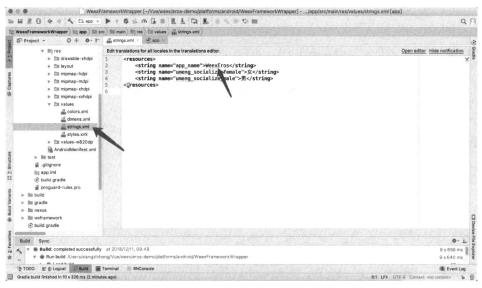

图 8-16　修改 Android 工程的应用名称

如果需要修改 Android 工程的默认图标，则可以打开 app/src/main/res 目录下的 mipmap 文件，并将 mipmap-hdpi 替换到 mipmap-xxxhdpi 里面的 ic_launcher.png，如图 8-17 所示。

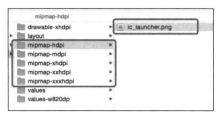

图 8-17　修改 Android 工程的默认图标

在原生 Android 程序开发中，如果涉及版本的升级问题，通常需要同时修改 versionCode 和 versionName 两个字段。其中，versionCode 是必需的，它是版本升级的唯一标识，如图 8-18 所示。

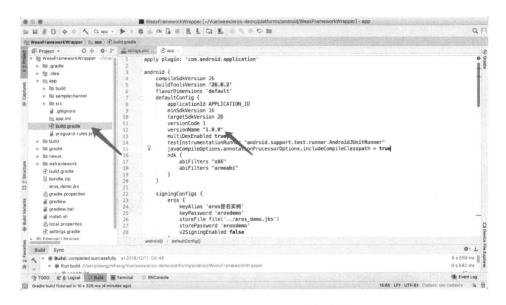

图 8-18　修改 Android 工程的版本号

如果需要修改 Android 应用程序的默认启动图，则可以打开 app/src/main/res 目录下的 drawable-xhdpi 文件，然后替换 ic_splash.png 文件。

除此之外，Eros 还赋予原生工程很多其他的自定义能力，例如，自定义下拉刷新动画效果。如果要修改下拉刷新动画效果，只需要替换原生 nexus 插件库的 drawable-xhdpi 目录下 loadding0001.png 到 loadding0028.png 的图片即可。

8.5.2　Android 打包配置

原生 Android 工程的构建方式大体分为 Debug 和 Release 两种。Debug 是用于开发调试的包，Eros 在 Debug 模式下将保留调试按钮，开发中可以根据实际需要自由切换资源的加载方式。Release 是用于对外发布的包，Eros 在 Release 模式下将隐藏调试按钮，且默认从本地 assets 文件中加载 JavaScript 资源。

对于 Android 工程来说，如果要构建 Release 包，就需要使用签名文件才能打包。如果没有签名文件，则可以在 Android Studio 菜单栏的【build】选项中，依次选择【Generate Signed APK】→【Create New Key Stroe】来制作签名文件，如图 8-19 所示。

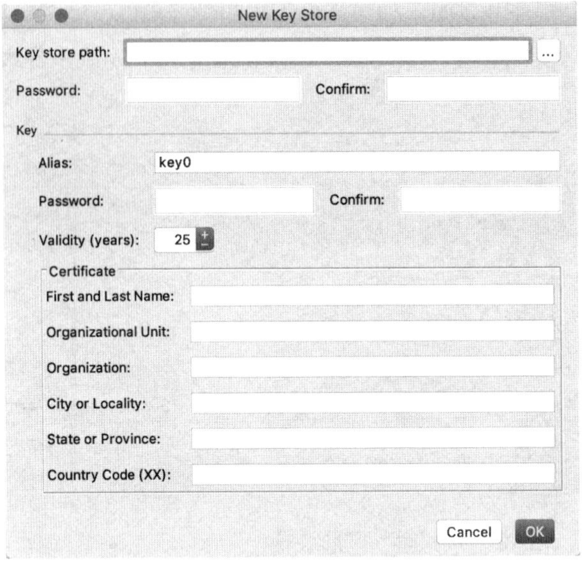

图 8-19　制作 Android 工程的签名文件

在正式打包之前，还需要使用命令 eros pack 生成平台内置资源包，打包完成后可以打开 Android 工程的 app/src/main/assets 目录查看生成的资源包。

接下来，在 Android Studio 菜单栏的【build】选项中选择【Generate Signed Bundle or APK】来制作签名包，如图 8-20 所示。

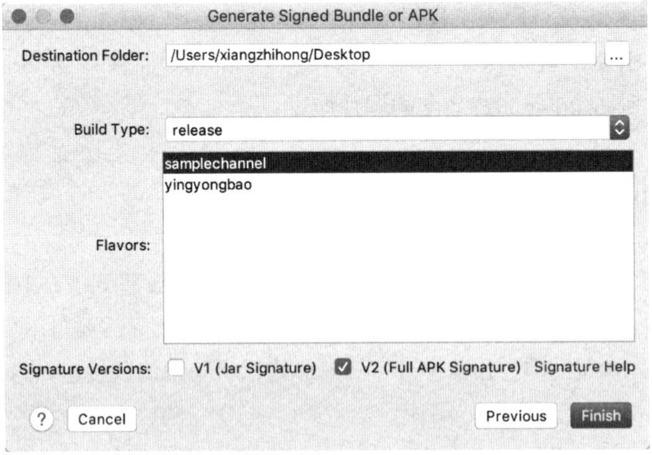

图 8-20　制作 Android 工程的签名包

值得注意的是，签名密码和签名昵称是非常重要的信息，需要妥善保管，一旦丢失、泄漏，便会对之后的版本发布造成一些麻烦。

8.5.3 iOS 原生配置

和 Android 类似，使用 WEEX 开发的项目在上线之前也需要在原生 iOS 工程中进行相关的配置。使用 Xcode 打开 WEEX 项目中的原生 iOS 工程，工程结构如图 8-21 所示。

图 8-21　Eros 项目的 iOS 工程结构

如果要修改 iOS 工程的工程名和版本号等信息，则可以在工程的 TARGERS 面板 Genneral 设置项的 Identity 目录中进行修改。其中，Display Name 表示应用的名称，Bundle Identifier 是 iOS 应用的唯一标识，Version 表示应用的发布版本号，Build 表示应用的构建版本号。

使用 eros init 创建的项目，默认的 iOS 工程名为 WeexEros，如果需要修改默认的工程名，则可以使用下面的方式。

使用 Xcode 打开 iOS 工程，长按工程名进行修改，然后 Xcode 会弹出一个对话框，提示需要跟着一起修改的文件，如图 8-22 所示。

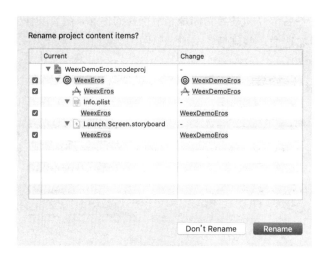

图 8-22 Eros 项目的 iOS 工程重命名时需要一起修改的文件

接下来，还需要修改 Xcode 中该工程的 WeexEros 文件夹名称，当然也可以通过修改 .elements 文件名来达到修改应用名的目的。由于 iOS 工程使用 CocoaPods 方式来管理第三方类库，所以还需要修改 Podfile 文件中的 target 选项，并且修改 install.sh 文件中对应的安装命令：

```
open <yourProjectName>.xcworkspace
```

然后，回到 Eros 项目的根目录下执行如下命令：

```
eros install --ios
```

最后，为了让 iOS 能够正常加载 Eros 项目的 JSBundle 文件，还需要修改项目中 eros.native.js 的 zipFolder.iOS 配置，如下所示：

```
'zipFolder': {
    'iOS': '/ios/WeexEros/<yourProjectName>',
    ...
},
```

8.5.4　iOS 打包配置

打开 WEEX 项目的 iOS 工程，会发现工程结构非常清晰，和使用 Xcode 创建的项目并无二致，这是因为官方将代码都封装到了 Pods 库的 BMBaseLibrary 里面，然后通过 Pods 方式进行加载。Podfile 文件的依赖如下：

```
#WeexSDK
    pod 'WeexSDK', :git => 'https://github.com/bmfe/WeexiOSSDK.git', :tag => '0.19'
    #Weex Debugger 调试工具，只在开发模式下集成
    pod 'WXDevtool', '0.15.3', :configurations => ['Debug']
```

```
    #Eros iOS 基础库
    pod              'ErosPluginBaseLibrary',                :git       =>
'https://github.com/bmfe/eros-plugin-ios-baseLibrary.git', :tag => '1.3.4'

    #Other Plugins
```

其中，iOS 工程中有 3 个文件需要特别注意：eros.native.json、bundle.zip 和 bundle.config。

- eros.native.json：配置文件，应用启动时会从里面加载配置信息。
- bundle.zip：应用首次启动时会将相关资源解压到沙盒目录中，之后从该目录加载对应的 JavaScript 资源文件。
- bundle.config：JSBundle 的版本信息，用于进行版本管理。

正常情况下，使用 eros init 方式创建 Eros 项目时，原生工程使用的是默认配置。因此在项目正式上线之前，需要对应用的 logo、启动图和其他一些默认配置进行修改。

在 iOS 工程中，与原生工程相关的图片都被放在 Assets.xcassets 中，而需要替换的 logo 和启动图也位于该文件，如图 8-23 所示。

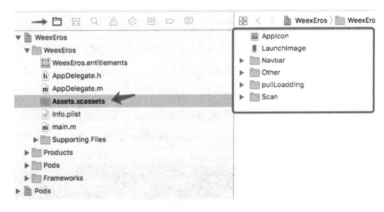

图 8-23　iOS 原生工程资源结构图

在 Assets.xcassets 资源文件中，1x（1 倍分辨率）图片是给非 Retina 屏使用的，即 iPhone 4 之前的机型；2x 图片是给 Retina 屏使用的，即 iPhone 4 之后的机型；3x 图片是给 5.5 寸机型使用的，但不是必需的，如果没有提供 3x 图片，系统会默认使用 2x 图片。

同时，为了防止替换图片时出现错误，建议选中图片后点击右键选择【Show in Finder】，在本地文件中进行替换，并且替换的图片尺寸和命名规范要与之前的保持一致，具体可以参考描述文件 Contents.json 中的内容。

为了提高数据传输过程的安全性，苹果公司在推出 iOS 9 的时候就默认禁止非 HTTPS 的网络请求。如果由于某些原因需要继续使用 HTTP 协议，则可以通过配置网络白名单的方式来解决。

8.6 插件

在早期的工程模板中，Eros 默认集成了微信分享、微信登录、微信支付、高德地图、个推推送等模块和组件，实现这些功能需要在原生工程中引用对应的第三方 SDK。这样造成的结果是，最终打包的 App 会集成这些第三方库，导致安装包过大。为了解决这个问题，Eros 对工程框架进行了优化改进，将这些模块及组件从基础框架中解耦出来，并封装成了插件，供开发者根据实际需要进行定制化集成。

8.6.1 Android 插件化

插件化技术，又称为动态加载技术，是指在应用运行的时候通过动态加载一些本地不存在的可执行文件，来实现一些特定的功能。总体来说，Android 插件化技术可以有效解决最大方法数上限（65535）的问题，并且提供的模块解耦功能使得项目更加易于维护和扩展。

在使用插件化技术进行开发时，一个项目通常由一个宿主 App 和多个插件组成，而每个插件都可以单独被打包成一个 APK 文件，并通过宿主 App 进行加载。为了方便读者理解 Android 插件化技术，下面通过一个示例来介绍 Android 插件化的基础知识。

在 Android 工程中，如果要封装一个插件，可以使用下面的方法。首先，使用 Android Studio 打开 Eros 项目下的 Android 工程，然后在选中项目名点击右键出现的菜单中依次选择【New】→【Module】→【Android Library】来创建一个 Android 模块工程，如图 8-24 所示。

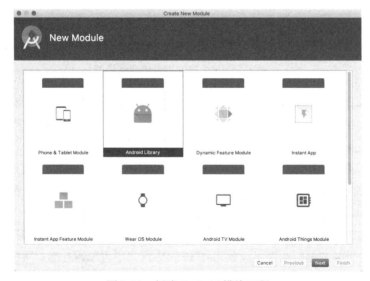

图 8-24　创建 Android 模块工程

等待插件构建完成，将新建的模块依赖到 Android 宿主工程中，依赖的脚本如下：

```
compile project(':pluginsimple')        // pluginsimple 表示插件名称
```

为了在 Eros 工程中使用自定义的插件，还需要在插件工程的 build.gradle 中添加 nexus 依赖，如下所示：

```
implementation 'com.github.bmfe.eros-nexus:nexus:1.0.3'
```

对于 nexus 库版本号的问题，可以参考官方资料自行修改成最新版本，当然也可以直接依赖 WeexErosFramework，因为 WeexErosFramework 默认依赖 nexus，如下所示：

```
compile 'com.github.bmfe:WeexErosFramework:1.0.4'
```

自定义的模块需要继承 WXModule 类，然后将需要暴露给 JavaScript 调用的方法使用注解 JSMethod 标识，如下所示：

```
@WeexModule(name = "helloplugin", lazyLoad = true)
public class ErosPluginSimple extends WXModule {

    @JSMethod(uiThread = true)
    public void hello() {
        Toast.makeText(mWXSDKInstance.getContext(), "Hello Eros test Plugin", Toast.LENGTH_LONG).show();
    }
}
```

其中，WeexModule 用于标识模块名称，方便在 WEEX 项目中进行引用时使用，JSMethod 用于标识 JavaScript 可以调用的方法。至此，自定义的 Android 插件就封装完成了。接下来，就可以在 Eros 的 JavaScript 中使用自定义的 Android 插件了，如下所示：

```
var helloplugin = weex.requireModule('helloplugin')
helloplugin.hello()
```

8.6.2 iOS 插件化

在 WWDC 2014 全球开发者大会上，苹果公司开放了 App Extension、动态库等功能权限，这为 iOS 插件化开发带来了可能。在 iOS 开发中，动态库是 iOS 提供的一种资源打包方式，可以将代码文件、头文件、资源文件和说明文档等集中在一起，并且可以在运行时进行动态加载。

目前，很多移动应用越做越复杂，应用程序也显得越来越臃肿，且很多功能并不是用户需要的。如果将一些不常用的功能做成一个插件，可以使用户根据需求进行下载，就能最大限度地利用系统资源，这也是插件化开发的初衷。

在 iOS 开发中，可以使用动态库技术来实现插件化开发。在 WEEX 开发中，自定义 iOS 动态库模块需要遵循 WXModuleProtocol 协议，并需要通过宏 WX_PlUGIN_EXPORT_MODULE 或 WX_PlUGIN_EXPORT_COMPONENT 来标识模块或组件。自定义的 iOS 动态库模块如果要将方法暴露给 JavaScript 层调用，则需要借助宏 WX_EXPORT_METHOD。

首先，新建一个继承自 NSObject 的 WXCustomEventModule 类，该类需要遵循 WXModule Protocol 协议，如下所示：

```objc
#import <Foundation/Foundation.h>
#import "WXModuleProtocol.h"
@interface HMGesUnLockModule : NSObject<WXModuleProtocol>

@end
```

然后，在 HMGesUnLockModule.m 文件中添加一个方法实现，并通过宏 WX_EXPORT_METHOD 将方法暴露出来，以便给 JavaScript 层调用：

```objc
#import " HMGesUnLockModule.h"

@implementation HMGesUnLockModule

WX_EXPORT_METHOD(@selector(addGesturePage:))

//手势解锁
-(void)addGesturePage:(WXModuleCallback)callback{
    [HMUnlockView showUnlockViewWithType:YWUnlockViewCreate callBack:^(BOOL result) {
        if(callback){
            if(result){
                callback(@"success");
            }else{
                callback(@"fail");
            }
        }
    }];
}
```

再使用宏 WX_PlUGIN_EXPORT_MODULE 或 WX_PlUGIN_EXPORT_COMPONENT 标识扩展的模块或组件，如下所示：

```objc
#import <WeexPluginLoader/WeexPluginLoader.h>
...
WX_PlUGIN_EXPORT_MODULE(hmGesUnlock, HMGesUnLockModule)
```

其中，第一个参数为暴露给 JavaScript 层的模块名字，第二个参数为模块的类名。同时，扩展的原生模块或组件需要在 WXSDKEngine.m 文件的 registerModule 方法中注册后才能被系统识别并加载，如下所示：

```objc
[WXSDKEngine    registerModule:@"hmodule"    withClass:[HMGesUnLockModule class]];
```

和扩展本地模块或组件不同，要完成 iOS 原生工程的插件化开发，还需要将插件托管到远程仓库，如 Git 仓库或 Maven 仓库，并通过使用 Pods 脚本拉取插件的依赖。例如，新建 Eros

项目时添加的 WeexSDK 插件，就是托管在远程的 Git 仓库中的。

```
pod 'WeexSDK', :git => 'https://github.com/bmfe/WeexiOSSDK.git', :tag => '0.19'
```

如果要使用 CocoaPods 创建 iOS 自定义插件，则首先需要在 GitHub 上创建一个远程仓库，如图 8-25 所示。然后将刚刚创建的项目克隆到本地，并在本地项目的根目录下创建一个 podspec 文件，如下所示：

```
pod spec create <your podspec name>
//示例: pod spec create WeexHMGesUnlock
```

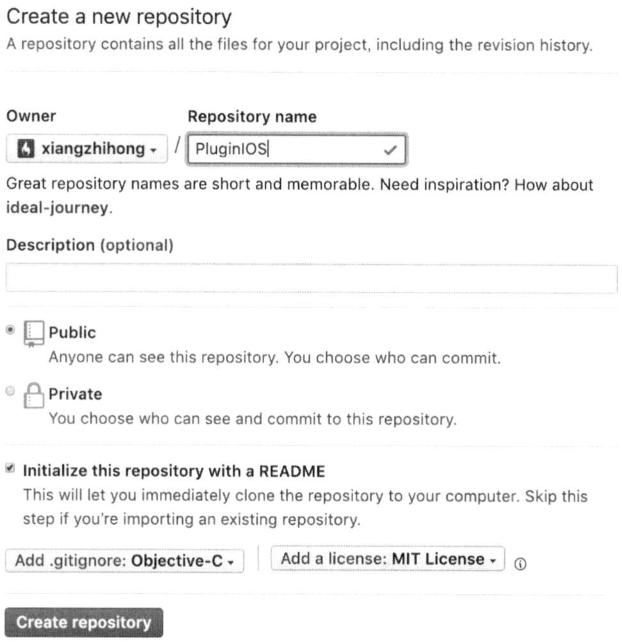

图 8-25　在 GitHub 上创建 iOS 插件项目

创建完成后，工程目录下就会多出一个 xxx.podspec 文件，使用文本编辑器打开 .podspec 文件，删除默认的配置信息并添加如下配置：

```
Pod::Spec.new do |s|
  s.name          = "PodTestLibrary"
  s.version       = "0.0.1"
  s.summary       = "Just Testing."
  s.description   = <<-DESC
                    Testing Private Podspec.
                    * Markdown format.
                    * Don't worry about the indent, we strip it!
                    DESC
```

```
    s.homepage         = "github 地址"
    s.license          = 'MIT'
    s.author           = { "你的名字" => "邮箱地址" }
    s.source           = { :git => "git Clone 地址", :tag => s.version.to_s }
    s.platform         = :ios, '8.0'
    s.requires_arc     = true

s.source_files = 'Pod/Classes/**/*'

    s.resource_bundles = {
      'PodTestLibrary' => ['Pod/Assets/*.png']
    }

    s.public_header_files = 'Pod/Classes/**/*.h'
    s.frameworks = 'UIKit'
    s.dependency 'AFNetworking', '~> 2.3'
    ...
    end
end
```

其中，s.name 表示远程仓库的名称，s.version 表示插件支持的版本，s.source 表示插件托管在 Git 仓库上的地址，s.source_files 表示对外公开的.h 和.m 文件，s.requires_arc 表示是否支持 ARC，s.dependency 表示依赖的第三方库。

接下来，将需要上传的源码复制到 s.source_files 所指的路径中，然后与配置好的 podspec 文件一起提交到 GitHub 上。提交时注意添加版本标签，每次修改代码都需要更新相应的版本号和标签，如下所示：

```
git tag "v0.0.1"
git push --tags
```

如果对于 Git 操作不是很熟悉，也可以使用 SourceTree 等可视化工具提交代码。为了验证项目的配置文件是否配置正确，可以在控制台执行如下指令：

```
pod spec lint xxx.podspec     //xxx 表示插件的名称
```

如果有报错，则可以根据报错提示信息进行修改；如果有警告，则可以在指令后面添加 --allow-warnings 来忽略警告：

```
pod lib lint --allow-warnings
```

验证通过后就可以使用 trunk 账号发布 iOS 的插件了，如果没有 trunk 账号，则可以使用下面的命令生成一个：

```
pod trunk register 邮箱 "别名" --verbose
```

然后，打开注册 trunk 时填写的邮箱，点击注册链接即可完成 trunk 账号的注册。如果要将自定义插件发布到 CocoaPods 仓库，则可以使用 pod trunk push 命令：

```
pod trunk push ["xxx.podspec"] [--allow-warnings]
```

如果上传过程中出现错误,则需要根据错误提示进行修改;如果没有报错,则会看到如图 8-26 所示的上传成功提示。

图 8-26 上传成功提示

上传完成之后,可以使用 pod search 命令来查询插件是否上传成功,或者执行命令 pod trunk me 来查看 CocoaPod 是否存在自定义的插件,如图 8-27 所示。

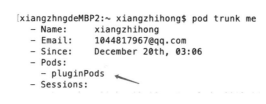

图 8-27 查看是否存在自定义插件

如果要在 iOS 项目中使用自定义的插件,则可以使用本地依赖或者 Pods 依赖来添加插件的依赖。其中,使用本地依赖需要将插件克隆到 Podfile 所在的目录,然后在 Podfile 文件中添加本地依赖脚本,如下所示:

```
pod 'xxx', :path=>'./xxx/'        //xxx 为插件的名称
```

如果使用 Pods 方式依赖,则只需要在 Podfile 文件中添加如下脚本即可:

```
pod 'xxx', :git => 'https://github.com/xxx/xxx.git', :tag => '1.0.0'
```

如果没有任何错误提示,则只需要在 iOS 工程中执行命令 pod update,即可添加插件依赖。

8.6.3 基础插件

Eros 基础库是 Eros 项目必须依赖的基础部分,使用 eros init 方式创建项目时会默认添加依赖的基础库,此库主要包含 WeexSDK、扩展的模块和组件等内容。用户在使用 Eros 基础库时,不需要关注其具体的实现细节,只需要关心基础库升级。具体来说,就是在 Eros 基础库进行版本升级后修改原生版本的依赖即可。

对于 iOS 来说,需要打开 Eros 工程下的 platforms/ios/WeexEros 目录,然后编辑 Podfile 文

件的版本号,每次升级时 ErosPluginBaseLibrary 库都会提供相关的详细说明文档:

```
def common
    #忽略其他库的引用
    #集成 Eros iOS 基础库
    pod 'ErosPluginBaseLibrary', :git => 'https://github.com/bmfe/eros-plugin-ios-baseLibrary.git', :tag => '版本号'
end
target 'WeexEros' do
    common
end
```

然后,在 WeexEros 目录中执行 pod update 命令重新拉取最新版本的库文件。

对于 Android 来说,由于 Android 工程需要依赖 sdk、wxframework 和 nexus 几个库。所以,需要打开 platforms/android/WeexFrameworkWrapper 目录,然后在此目录下使用如下命令将插件克隆到本地。

```
git clone https://github.com/bmfe/WeexErosFramework.git "wxframework"
git clone https://github.com/bmfe/eros-nexus.git "nexus"
```

然后,在 Android 工程的 settings.gradle 配置文件中添加如下依赖脚本:

```
include ':app',':sdk',':nexus', ':wxframework'

//基础库
project(':wxframework').projectDir = new File(settingsDir,'/wxframework/eros-framework')
project(':sdk').projectDir = new File(settingsDir,'/nexus/sdk')
project(':nexus').projectDir = new File(settingsDir,'/nexus/nexus')
```

接下来,打开 WeexFrameworkWrapper/app 目录下的 build.gradle 文件,并在文件的 dependencies 标签中添加对应的插件引用:

```
dependencies {
    ....
    compile project(':nexus')
    compile project(':wxframework')
}
```

最后,重新编译项目即可完成对 Android 所需要的基础插件的依赖。

8.6.4 微信插件

Eros 提供了一个 bmWXShare 模块,它基于友盟的 ShareSDK 实现,用于帮助开发者快速实现社交分享、登录等功能。ShareSDK 是一种社交分享组件,主要为 iOS、Android 和 WP8 等移动 App 提供社交功能,它集成了一些常用的类库和接口,并提供社交统计分析管理后台。

使用 bmWXShare 模块之前,需要先在友盟平台上对 App 进行注册并获取 AppKey,如图

8-28 所示。申请 AppKey 的流程可以参考 ShareSDK 的官方文档。

图 8-28　在友盟平台上对 App 进行注册

对于 iOS 平台来说，可以通过在 Podfile 文件中添加 ErosPluginWXShare 插件来添加插件依赖。具体来说就是，打开 iOS 工程目录的/platforms/ios/WeexEros，然后在 Podfile 文件中添加 ErosPluginWXShare 组件的引用，添加时注意插件的版本，如下所示：

```
def common
    #忽略其他库的引用
    # 添加 ErosPluginWXShare
    pod 'ErosPluginWXShare', :git => 'https://github.com/bmfe/eros-plugin-ios-wxshare.git', :tag => '1.0.5'
  end
```

然后，在 iOS 工程目录下执行 pod update 命令安装 ErosPluginWXShare 插件库，等待插件安装完毕，在 Xcode 中重新编译运行项目，如果没有任何报错则说明插件集成成功。

对于 Android 平台来说，打开/platforms/android/WeexFrameworkWrapper 目录下的 Android 工程，然后使用 git clone 命令将 ErosPluginWXShare 项目下载到本地：

```
git clone https://github.com/bmfe/eros-plugin-android-wxshare.git
```

当然，也可以手动下载 ErosPluginWXShare 插件的压缩包，然后将压缩包解压到 Android 工程目录下。接下来，打开 Android 工程的 settings.gradle 文件，并添加如下引用脚本：

```
include ': pluginwxshare'
project(':pluginwxshare').projectDir = new File(settingsDir,'/umeng/library-wxshare')
```

然后打开 Android 工程 app 目录下的 build.gradle 文件，在 dependencies 节点下添加对应的插件引用：

```
compile project(':pluginwxshare')
```

点击右上角的【sync now】选项重新编译项目，如果没有任何错误，则说明成功集成了 ShareSDK。至此，在原生平台集成 ShareSDK 的工作就算完成了。

ShareSDK 作为一个社交分享组件，其本质是一个聚合的工具库。如果要使用 bmWXShare 模块实现微信登录和分享功能，还需要在微信开发平台申请开发者账号，如图 8-29 所示。

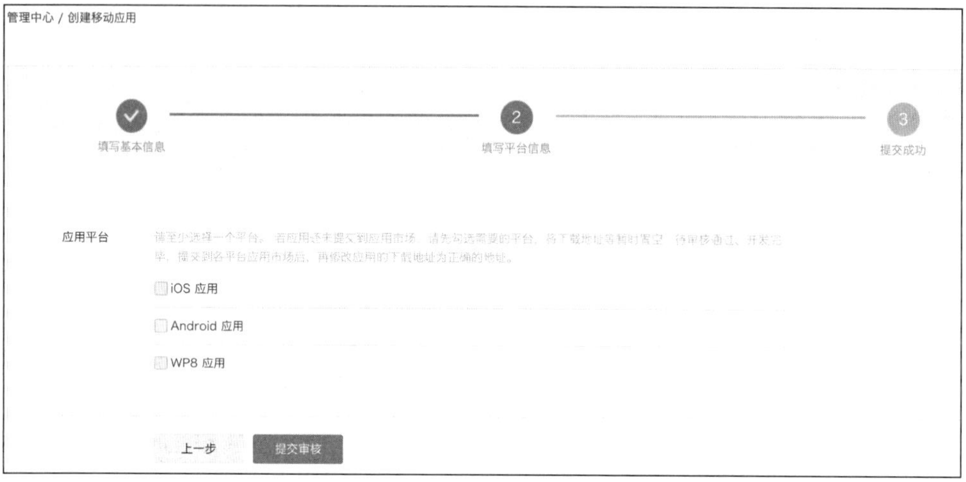

图 8-29　在微信开发平台申请开发者账号

和使用其他插件一样，使用 bmWXShare 插件之前需要使用 requireModule()函数导入 bmWXShare 模块，并使用 initUM()方法初始化 ShareSDK：

```
var bmWXShare = weex.requireModule('bmWXShare')
//在Vue.js的created生命周期中初始化SDK
bmWXShare.initUM('在友盟平台申请的AppKey')
```

如果需要使用微信的分享或登录功能，还需要调用 initWX()方法初始化与微信相关的参数：

```
bmWXShare.initWX({
    appKey: 'appkey',          //申请的appkey
    appSecret: 'appSecret',    // appKey对应的appSecret
    redirectURL: '回调页面'    //授权回调页面
})
```

实现微信分享功能使用的是 share()方法，使用前最好使用 isInstallWXApp()方法判断是否安装了微信。share()方法的格式如下：

```
var result = bmWXShare.isInstallWXApp()

bmWXShare.share({
    title:'',                  //分享的标题
    content:'',                //分享的文字内容
    url: '',                   //分享的链接
    image: '',                 //分享的图片链接
```

```
    path: '',                    //分享到小程序的页面路径
    userName: '',                //小程序名称
    shareType: 'Webpage',        //分享的类型
    platform: 'WechatSession'    //分享平台的类型
},function(resData){
    // 成功时的回调
},function(resData){
    // 失败时的回调
})
```

如果要使用 bmWXShare 模块进行微信登录操作，则可以使用 bmWXShare 提供的 authLogin()方法：

```
bmWXShare.authLogin(function(resData){
    //授权结果，成功的话将返回所有 userInfo
});
```

需要说明的是，由于 ShareSDK 默认采用 IDFA 标识，所以 iOS 应用在集成 ShareSDK 后，提交给 App Store 审核时需要正确设置 IDFA 选项，否则无法通过苹果官方的上架审核。

8.6.5 高德插件

在移动应用开发中，地图是一个很重要的工具，基于地图的定位、导航等特性衍生出了很多著名的移动应用。在 WEEX 开发中，如果要使用定位、导航和坐标计算等常见的地图功能，就可以使用 weex-amap 插件。

weex-amap 是高德针对 WEEX 开发的一款地图插件，在 Eros 开发中，Eros 对 weex-amap 进行二次封装，以便让开发者更容易地在 App 中集成地图功能。和其他插件一样，地图插件需要在原生平台中集成。

对于 iOS 平台来说，需要打开/platforms/ios/WeexEros 目录下的 Podfile 文件，添加对 ErosPluginAmap 插件的引用：

```
def common
    #忽略其他库的引用
    #添加引用 ErosPluginAmap
    pod 'ErosPluginAmap', :git => 'https://github.com/bmfe/eros-plugin-ios-amap.git', :tag => '1.0.0'
    end
    target 'WeexEros' do
        common
    end
```

然后在 iOS 工程中执行 pod update 命令来安装 ErosPluginAmap 插件，插件安装完毕后，在 Xcode 中重新编译运行项目，如果没有任何报错，则说明成功集成了地图插件。

对于 Android 平台来说，使用 Android Studio 打开/platforms/android/WeexFrameworkWrapper 目录下的 Android 原生工程，然后使用如下命令将 ErosPluginAmap 克隆到以上目录中：

```
git clone https://github.com/bmfe/eros-plugin-android-amap.git
```

当然，也可以手动下载 ErosPluginAmap 插件的压缩包，并解压到 Android 原生工程目录下。然后打开 Android 工程中的 settings.gradle 文件，并添加如下引用脚本：

```
include ':erospluginamap'
//引用 Amap
project(':erospluginamap').projectDir = new File(settingsDir,'/amap/ErosPluginAmap')
```

打开 Android 工程 app 目录下的 build.gradle 文件，在 dependencies 节点下添加对应的插件引用：

```
dependencies {
    compile project(':erospluginamap')
}
```

之后，点击右上角的【sync now】选项重新编译项目，如果没有任何错误，则说明成功集成高德插件。

接下来，就可以使用 ErosPluginAmap 组件开发地图相关的功能了。不过，正式开发前还需要在高德开发平台申请开发者账号，以便获得高德地图初始化所需要的 AppKey。

以下是使用高德插件实现地图定位功能的示例代码：

```
<template>
    <div class="container">
        <weex-amap class="map" id="map2017" scale="true" geolocation="true">
            <weex-amap-marker/>
        </weex-amap>
    </div>
</template>

<script>
    import {WxcButton} from 'weex-ui';
    var amap = weex.requireModule('amap')
    export default {
        components: {WxcButton},
        created(){
            amap.initAmap('c445d95f304116d216b681350c1af1b3')
        },
    }
</script>

<style>
    .container{
        flex: 1;
        min-height: 600;
```

```
        background-color: #eee;
    }
    .map{
        flex: 1;
        min-height: 600;
    }
</style>
```

在上面的示例中，<weex-amap>用于显示地图，<weex-amap-marker>则用于显示标注，二者通常配合使用。下面介绍<weex-amap>中一些比较常用的属性。

- sdkKey：指定开发者的 SDK 密匙。
- scale：指定缩放比例尺功能是否可用。
- center：指定传入的地理坐标位置，默认为当前定位的位置。
- zoom：指定地图缩放级别，合法值范围为[3,19]。
- compass：指定是否允许显示指南针，默认显示。
- zoomEnable：指定是否允许缩放。
- marker：点标记属性，例如 marker = " [{position:[116,12]}] "。
- geolocation：指定是否显示当前位置。
- zoomPosition：指定缩放按钮的显示位置，默认为 bottom。
- gestures：指定支持的地图操作手势，如 zoom、rotate、tilt 和 scroll。
- myLocationEnabled：指定是否显示定位按钮。
- showMyLocation：指定是否显示当前位置。
- customEnabled：指定是否开启自定义地图样式。
- indoorswitch：指定是否开启室内地图楼层切换控件。

<weex-amap-marker>中的一些比较常用的属性如下。

- position：标注地理位置坐标，默认为当前定位的位置。
- icon：指定图标的 URL 地址。
- title：指定坐标点的名称。
- hideCallout：指定 marker 是否可点击。
- open：指定是否显示 InfoWindow。

除了上面介绍的属性，weex-amap 插件还提供了很多实用的 API 函数，比较常见的有 getUserLocation()、getLineDistance()、polygonContainsMarker()等。例如，使用 getUserLocation() 获取当前定位：

```
<template>
  <weex-amap class="map" id="map2017" center="{{pos}}" ></weex-amap>
  <div class="btn-wrap">
```

```
<div onclick="setUserLocation" class="btnbox">
<text class="btn" >set location </text></div>
    <text class="tips">获取当前定位</text>
  </div>
</template>

<script>
  const Amap = require('@weex-module/amap');
  module.exports = {
    data: {
      pos:[116.487, 40.00003]
    },
    methods: {
      setUserLocation() {
        const self = this;
        Amap.getUserLocation(this.$el('map2017').ref, function (data) {
          if(data.result == 'success') {
            self.pos = data.data.position;
          }
        });
      }
    };
</script>
```

除了<weex-amap>、<weex-amap-marker>，weex-amap 插件中比较常见的组件还包括<weex-amap-info-window>、<weex-amap-circle>、<weex-amap-polygon>和<weex-amap-polyline>等，可以根据开发需要进行合理的选取。

8.7 热更新

8.7.1 热更新原理

热更新，又名动态下发代码，指在不发布新版本的情况下，对软件代码逻辑或配置数据进行更新修复，从而让开发者避免长时间等待审核以及多次被拒造成的成本问题。

目前，移动 App 的更新主要有两种方式：全量更新和热更新。全量更新是指通过 App Store 进行更新，更新时需要重新下载全部安装文件。热更新是指用户打开 App 时会发现热更新文件，将热更新文件下载安装即可。热更新最大的优点就是快，它可以绕过应用商店的审核，从而对代码进行快速修改和快速上线。热更新的另一大优点就是更新文件小，一般都在 1MB 左右，用户在不连接 Wi-Fi 的情况下也可以随意下载。

对于 WEEX 来说，热更新主要通过更新 JSBundle 来实现，可更新的文件包括原生代码、JavaScript 业务代码和图片等静态资源。其中，苹果公司明令禁止对原生代码进行热更新，Android 的热更新技术在国内可谓百家争鸣，比较出名的有微信的 Tinker、阿里巴巴的 AndFix 和美团的 Robust 等。而在 WEEX 中，热更新主要针对的是 JavaScript 业务代码以及 Iconfont 和图片等静态资源文件。

具体来说，WEEX 应用首次启动时，会通过和服务器端对比 bundle 文件的版本来确认是否需要执行热更新操作。如果需要，则从服务器端下载最新的热更新文件，然后在客户端执行合并操作并重新加载本地资源文件。具体的热更新流程如图 8-30 所示。

目前，在 Eros 框架中，所有脱离原生部分的上层代码都是业务代码。使用 Eros 开发的应用都是多页面的，并不适合使用 vue-router 这种单页面路由框架，而 Eros 通过封装自己的路由，基本实现了一个页面对应一个 JavaScript 文件，仿佛回到了多年前的多页面时代。但是，多页面带来了类似于原生的页面切换效果，提升了应用的体验，在一定程度上弥补了因初始化渲染带来的性能损失。

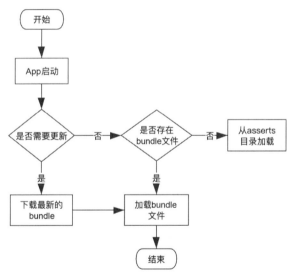

图 8-30　WEEX 的热更新流程图

8.7.2　热更新配置

经过分析发现，热更新操作需要更新的主要是 JavaScript 业务代码以及 Iconfont 和图片等静态资源文件。具体执行热更新操作时，为了保证文件的安全性和完整性，官方会在热更新的代码中加入 md5.json 的配置，进而生成一个 ZIP 压缩文件。md5.json 的配置格式如下：

```
{
    "filesMd5": [{
        "android": "1.0.0",
        "iOS": "1.0.0",
        "page": "/pages/home/index.js",
        "md5": "c2125dfab756dc0e9cfe854a297a0512"
    }, {
        "android": "1.0.0",
        "iOS": "1.0.0",
        "page": "/iconfont/iconfont.ttf",
        "md5": "50ed903231bcdc851bfde9a0bf565e38"
    }],
    "android": "1.0.0",
    "iOS": "1.0.0",
    "appName": "demo",
    "jsVersion": "56a4569f271294a05e4ff0f567d332b4",
    "timestamp": 1489983294137
}
```

其中，filesMd5 中的每一项就是当前 ZIP 包文件中的文件信息，每个文件中的内容都会生成一个 MD5 值，而 jsVersion 的 MD5 值是当前热更新文件的版本号。进行热更新时会根据这个 MD5 值进行文件完整性校验。

当发布第一个 bundle 版本后，如果每次升级都去下载完整的 ZIP 文件，既浪费流量又不现实，而实时比较对于客户端来说也是不可能的，所以最好的办法就是用空间换时间。

具体来说，系统每次进行打包操作时都会生成一个完整的 bundle 文件，然后将这个 bundle 文件和当前已有的线上 bundle 文件进行一次比较，并将差异部分生成若干差分包，而最后在 App 进行更新时只需要下载对应的差分包即可。

生成差分包需要用到 BSDiff。BSDiff 是实现 App 增量更新的二进制差分工具，与其对应的是 bspatch 差分包合成工具。使用 BSDiff 工具生成差分包需要先在本地安装该工具，不同的操作系统有不同的安装方式。例如，macOS 系统中的安装命令如下：

```
brew install bsdiff
```

安装完成后，就可以使用 BSDiff 工具来生成差分包或合并差分包了，命令如下：

```
bsdiff oldZip newZip diffZip              //生成差分包
bspatch oldZip diffZip newZip             //合并差分包
```

其中，oldZip 表示线上 bundle 文件，newZip 表示新生成的 bundle 文件，diffZip 表示生成的差分包，且生成差分包时需要使用完整的包路径。如果要完成热更新操作,还需要修改 config.js 文件对应的配置，并且每次发布的完整 bundle 文件还需要放到打包机上，以便在下次做版本升级时对比生成的差分包。

生成的增量包位于项目的 dist 目录下，同时在该目录下还有一个生成的 version.json 文件，该文件主要记录一些与打包相关的信息。将文件内容上传至服务器，以便作为下次返回客户端时是否需要更新的凭证，version.json 文件的格式如下：

```
{
    "android": "1.0.0",
    "iOS": "1.0.0",
    "appName": "demo",
    "jsVersion": "cd34091af113f98c2cbf4d81131ccdde",    //ZIP 包版本号
    "timestamp": 1489997936509,                         //生成增量包的时间戳
    "jsPath": "https://xxx.xxx.com/app/"                //资源服务器地址
}
```

8.7.3 热更新实战

为了构建热更新服务，Eros 开发了一个名为 eros-publish 的简易后端系统。借助 eros-publish 系统，开发者可以很轻松地实现热更新服务。要想成功部署 eros-publish 系统，还需要安装 Node.js、MongoDB、Supervisor、PM2 和 Robo 3T 等工具和环境。

- Node.js：服务器端的 JavaScript 解释器，需要 7.0 以上的版本。
- MongoDB：基于分布式文件存储的数据库，需要 3.4.9 以上的版本。
- Supervisor：使用 Python 开发的客户端/服务器端系统，可以用来管理和监控类 UNIX 操作系统的进程。
- PM2：Node.js 的进程管理工具，可以使用它来简化 Node.js 应用管理的烦琐任务。
- Robo 3T：MongoDB 数据库的可视化管理工具。

如果要使用 eros-publish 系统来模拟热更新场景，则需要修改 eros-publish 系统的默认配置（如下所示）。配置文件位于 eros-publish/server/config.js 目录。

```
module.exports = {
  db:'mongodb://localhost:27017/app',
  defaultPort: 3001,
  staticVirtualPath: '/static',
  staticRealPath:'staticRealPath:'/Users/xiangzhihong/Vue/weex/eros-demo'',
  zipReturn: 'diff'
}
```

其中，config.js 配置文件参数的具体含义如下。

- db：指定数据库服务地址。
- defaultPort：指定热更新服务的默认端口。
- staticVirtualPath：指定静态虚拟地址。
- staticRealPath：指定静态真实地址。

- zipReturn:指定返回包的类型,full 表示返回全量包,diff 表示返回增量包。

staticRealPath 表示 Eros 项目所在的绝对路径,staticVirtualPath 表示虚拟路径。所以,对于上面的配置来说,通过/static 即可访问项目打包生成的资源文件。

Eros 客户端程序启动后会通过/app/check 接口来判断是否需要更新,所以,模拟更新时还需要修改 Eros 项目 eros.native.js 中的 url.bundleUpdate 配置。如果是在本地启动的 eros-publish 项目,则只需要将 bundleUpdate 的配置地址修改为 http://localhost:3001/app/check。

为了完成热更新,还需要修改 eros.dev.js 中的 diff 配置,如下所示:

```
'diff': {
    'pwd': '/Users/xaingzhihong/Work/opensource/eros-diff-folder',
    'proxy': 'https://app.weex-eros.com/source'
}
```

其中,参数 pwd 表示每次更新的全量包地址,生成差分包时也会遍历此路径下的所有文件。proxy 表示增量包的服务器地址,是能被用户访问到的网络路径。如果使用的是本地服务器,则路径地址对应为 http://localhost:3001/static/eros-demo/dist/js。

接下来,使用 sudo mongodb 命令启动 MongoDB 服务,然后打开 eros-publish 后端系统的 server 项目,在 server 项目中使用 Supervisor 启动后端服务,如图 8-31 所示。启动后端服务的命令如下:

```
supervisor app.js
```

```
xiangzhngdeMBP2:server xiangzhihong$  supervisor app.js

Running node-supervisor with
  program 'app.js'
  --watch '.'
  --extensions 'node,js'
  --exec 'node'

Starting child process with 'node app.js'
Watching directory '/Users/xiangzhihong/Vue/eros-publish/server' for changes.
Press rs for restarting the process.
(node:55672) DeprecationWarning: `open()` is deprecated in mongoose >= 4.11.0, u
se `openUri()` instead, or set the `useMongoClient` option if using `connect()`
or `createConnection()`. See http://mongoosejs.com/docs/connections.html#use-mon
go-client
Server started on port 3001
```

图 8-31 使用 Supervisor 启动后端服务

使用 Eros 打包时会涉及两个指令:eros build 和 eros build -d。其中,eros build 用于生成全量包,eros build -d 则用于生成增量包。除此之外,如果要将生成的 JSBundle 文件上传到后端系统,还需要用到下面两个指令。

- eros pack -s url:构建全量包,即 Android、iOS 默认的内置包,该包的打包信息会被发送到 eros-publish 后端系统中,并作为版本升级的记录。

- eros build -s url -d: 构建增量包，并将增量包发布到 eros-publish 后端服务器中。

首先，新建一个 eros-demo 项目并修改项目默认入口，在首页添加一行文本显示的代码：
```
<text class="desc-info-2">版本 1.0.0</text>
```
然后，执行 eros pack -s http://localhost:3001/app/add 命令，打包一个全量包，该包同时还是客户端 1.0.0 版本的内置包。启动 App，关闭拦截器，读取应用的内置包，可以看到首页显示"版本 1.0.0"字样。

接下来，将首页的文案修改为"版本 1.0.0-build.1"，并执行 eros build -s http://localhost:3001/app/add -d 命令来生成差分包。重新启动 App，就会看到弹出更新提示，点击【立即更新】按钮即可看到更新后的文案内容，如图 8-32 所示。

如果要部署 Eros 热更新服务，则只需要启动 MongoDB 数据库，并使用 PM2 启动 Node.js 服务，涉及的命令如下：

```
sudo nohup mongodb           //启动 MongoDB 数据库
sudo pm2 start app.js        //启动后台的 Node.js 服务
```

需要说明的是，eros-publish 后台系统虽然实现了热更新服务逻辑，也做到了开箱即用，但如果作为生产环境的热更新系统仍然稍显不足。

图 8-32　更新后的文案内容

8.8 本章小结

作为一个跨平台的技术解决方案，如果直接使用 WEEX 来开发应用程序会存在很多痛点，例如初始化环境问题、项目工程化问题、版本升级与版本兼容问题和不支持增量更新问题等，而 Eros 就是一个致力于解决上述问题的开源解决方案。因此，在使用 WEEX 开发跨平台移动应用时，我们建议开发者直接使用 Eros 等开源技术解决方案。

本章主要介绍了 Eros 框架的基础概念、组件、模块、调试等。同时，Eros 作为一个面向 Vue.js 的开源解决方案，提供了 WEEX 框架没有的组件和插件，并且开发者还可以根据实际需要定制组件和插件。最后，本章通过 Eros 开发的 eros-publish 热更新后台系统介绍了如何实现热更新功能。

第 9 章
移动电商应用开发实战

9.1 项目概述

现阶段,店商与电商结合的 O2O 经营模式是广受欢迎的经营策略,也是电商的主流发展方向,而移动互联网电商也呈现出逐步取代 PC 电商的趋势,成为电商的主要交易手段。

移动电子商务在为线下商务创造更多商业机会的同时,也会为自身的发展创造更多的商业机会。由于移动电子商务是通信技术和电子商务两大领域的结合体,因此也使得移动电子商务的参与者之间形成了新的产业链。同时,新技术不断诞生并被应用,智能移动终端给移动电子商务带来了更大的想象空间。无疑,移动电子商务将带给我们不一样的生活体验。

综上,可以看出移动电商 App 开发的前景还是非常好的,纵然在电子商务高速发展过程中会遇到诸多问题,但是只要顺应时代的发展、了解用户需求,就可以找到解决问题的方法。

9.2 搭建项目

9.2.1 新建项目

在 WEEX 开发中,借助 Eros 等开源 WEEX 解决方案,开发人员可以很方便地搭建一个 WEEX 项目。使用 Eros 创建工程时,需要使用 eros-cli 脚手架工具,初始化项目前请确保本地已经安装 eros-cli 工具链。

使用 eros init 创建 Eros 工程,并根据提示补全项目名称、版本号、模板类型等信息,在工程目录下执行 npm i 命令安装工程需要的依赖包,等待依赖包安装完成。

由于 Eros 项目的运行需要依赖原生 Android 和 iOS 工程,所以还需要打开原生工程添加相关的依赖包。具体来说,打开 platforms/ios 目录下的 iOS 工程,执行 pod update 命令,来拉取

iOS 工程的依赖库；打开 platforms/android 目录下的 Android 工程，执行 install.sh 脚本，来拉取 Android 工程的依赖库。

然后，使用 eros dev 指令启动本地服务，并使用 Xcode 运行 Eros 项目的 iOS 工程，如果没有任何错误且成功启动 iOS 工程，则说明项目创建完成。

Eros 内置了拦截器开关，拦截器的主要作用是控制加载 JavaScript 文件的方式。当拦截器处于打开状态时，会从工程内置的资源中加载 JavaScript 资源文件，否则从开发服务器上加载 JavaScript 资源文件。

使用 eros init 方式创建 Eros 项目时，工程会默认内置很多示例代码，所以在使用 Eros 开发应用程序时，需要删除默认的示例代码。删除的示例代码主要位于项目的 src/js/pages/demo 目录下，同时删除的还包括 config 目录下的相关配置。

9.2.2 编写主框架

在移动应用设计中，因为手机的尺寸有限，所以在设计手机网站或 App 时需要考虑得更加周全，应尽量做到简约和易用，以方便用户为最高准则。选项卡导航是移动应用中最常见的导航方式，在很多应用中都可以见到它的身影，它是构成 App 的最基本的骨架。

在 WEEX 框架中，已经提供了 <wxc-tab-bar> 来实现选项卡导航效果。此处，我们使用自定义的 tabBar 组件来实现自定义选项卡导航，如图 9-1 所示。

图 9-1 自定义选项卡导航

使用 eros init 方式创建 Eros 项目时，工程会默认提供很多示例代码，需要删除与项目无关的代码，然后在 pages 目录下新建一个 index.vue 入口文件以及其他子页面文件，pages 目录结构如图 9-2 所示。

图 9-2　pages 目录结构

然后打开 index.vue 入口文件，添加选项卡切换及导航逻辑。为了尽可能减少代码之间的耦合、提高代码的层次性和可阅读性，应尽可能将一些与业务无关的代码独立出去，而让 index.vue 只负责实现选项卡切换，代码如下：

```
<template>
    <bmContainer :touchBarShow="true">
      <div class="container">
        <div class="flex"/>
        <div class="wrapper flex">
            <embed  v-for="(item,index)in  items":src="item.src"type="weex" class="content" :style="{ visibility: item.visibility }"/>
            <tab-bar @tabTo="onTabTo" :items="items"/>
        </div>
      </div>
    </bmContainer>
</template>

<script>
    import util from './utils/util';
    import tabBar from './components/tabBar';
    import bmContainer from './components/bmContainer'
    import {tabConfig} from './config'
    export default {
        components: {
```

```
            'tab-bar': tabBar,          //引入 tabBar 自定义组件
            bmContainer
        },
        created() {
            util.initIconFont()          //初始化 Iconfont 图标库
        },
        data() {
            return {
                items: tabConfig,    //引入选项卡配置文件
            }
        },
        methods: {
            onTabTo(result) {         //选项卡切换逻辑
                let _key = result.data.key || '';
                this.items.forEach((val) => {
                    if (val.key === _key) {
                        val.visibility = 'visible'
                        return
                    }
                    val.visibility = 'hidden'
                })
            },
        }
    }
</script>
<style>
    .container {
        margin-top: 20px;
        flex: 1;
        flex-direction:column
    }
    .flex{
        flex: 1;
    }
    .wrapper {
        background-color: #f4f4f4;
    }
</style>
```

如上代码所示，实现选项卡切换逻辑时并没有使用官方组件，而是使用了自定义 tabBar 组件，实现选项卡切换的核心逻辑包含在 onTabTo 方法中。具体来说，当点击某个选项卡标签时，该方法会遍历所有选项卡标签，并将选中的标签设置为高亮，而将其他的标签设置为默认样式。

同时，为了方便管理选项卡的数据源，选项卡使用的数据源都是从配置文件中读取的，即读取的是 config.js 文件的配置，如下所示：

```js
export const tabConfig = [{
    icon: '&#xe660;',
    name: "首页",
    key: 'home',
    src: `${weex.config.eros.jsServer}/dist/js/pages/yanxuan/home/index.js`,
    visibility: 'visible'
}, {
    icon: '&#xe744;',
    name: "专题",
    key: 'topic',
    src: `${weex.config.eros.jsServer}/dist/js/pages/yanxuan/topic/index.js`,
    visibility: 'hidden'
},
//省略其他选项卡
]
```

需要说明的是，由于本项目使用到了阿里巴巴矢量图标库 Iconfont，所以还需要在 Eros 项目的入口文件 index.vue 文件的 created 生命周期函数中初始化 Iconfont，如下所示：

```js
let domModule = weex.requireModule('dom');

domModule.addRule('fontFace', {
    'fontFamily': "iconfont",
    'src': "url('http://at.alicdn.com/t/font_404010_jgmnakd1zizr529.ttf')"
});
```

当然，如果项目中没有使用 Iconfont 矢量图标库，则无须进行上面的操作。

9.2.3　Iconfont

Iconfont 是由阿里巴巴体验团队倾力打造的矢量图标库，支持矢量图标下载、在线存储、格式转换等多种功能，被大量应用在设计和前端开发中。

在使用 Iconfont 之前，先新建一个 Iconfont 项目，如图 9-3 所示，新项目名为 demo。将需要的图标添加到购物车，然后点击【购物车】图标，将选中的图标添加到新建的 demo 项目中，如图 9-4 所示。

图 9-3　新建一个 Iconfont 项目

图 9-4　将选中的图标添加到 demo 项目

依次点击【图标管理】→【我发起的项目】→【demo】，然后点击【Unicode】选项，即可生成 font-face 自定义字体，如图 9-5 所示。

图 9-5　生成 font-face 自定义字体

其中，font-face 是 CSS3 支持的自定义字体模块，它允许开发者将自定义的 Web 字体嵌入网页中。使用 font-face 之前，需要在 index.vue 的 created 生命周期函数中初始化自定义的 font-face，如下所示：

```
created(){
    let domModule = weex.requireModule('dom');
    domModule.addRule('fontFace',{
      'fontFamily': "iconfont",
      'src': "url('xxx.ttf')"          //远程 font-face
    })
}
```

目前，Iconfont 支持三种引用方式：unicode、font-class 和 symbol。官方推荐使用 symbol 方式，因为此方式支持 svg 矢量图集合。对于本项目来说，使用 unicode 或 font-class 方式会更简洁。

初始化完成之后，就可以在 Vue.js 页面中使用 Iconfont 图标了。使用的图标代码需要被包含在 font-face 生成的代码中，否则引用图标代码时将不会生效，如下所示：

```
<text class="iconfont bar-ic">&#xe616;</text>

<style>
.iconfont {
  font-family:iconfont;          //声明 iconfont
```

```
}
.bar-ic{
   font-size: 38px;                      //图标样式
}
</style>
```

当然，Iconfont 矢量图也支持下载到本地，然后再使用本地下载的图片，使用时只需要在 <image> 组件中使用 scr 属性引入图片即可，如下所示：

```
<template>
    <image style="width:50px; height:50px; " src="bmlocal://assets/logo.png"/>
</template>
```

9.2.4 自定义选项卡组件

在软件开发迭代的过程中，常常需要引入一些第三方库，借助这些第三方库，可以大大提高项目的开发效率。本项目使用 Eros 进行开发，而 Eros 本身内置了很多实用的第三方库，如果 Eros 内置的组件和模块无法满足项目的开发需求，开发者就可以根据实际需要合理地引入第三方库。

WEEX 框架已经提供了 <wxc-tab-bar> 来实现选项卡切换功能，当然也可以使用 Eros 框架的 bmTabbar 模块。此处，我们使用自定义的选项卡组件来实现选项卡式导航。tabBar.vue 源码如下：

```
<template>
<div class="wrapper">
<div   v-for="(i,index)   in   items"   :key="index"   class="bar-item"
@click="tabTo(i.key)">
    <text class="bar-ic iconfont" :class="[pIndexKey == i.key ? 'bar-active' :
'']">{{i.icon | filter}}</text>
    <text  class="bar-txt"  :class="[pIndexKey  ==  i.key  ?  'bar-active'  :
'']">{{i.name}}</text>
</div>
</div>
</template>

<script>
import he from '../utils/he';                 //将 JavaScript 代码转换为图片的工具
Vue.filter('filter', function(value) {
    return he.decode(value);
})
export default {
    props: {
```

```
            items: {
                type: Array
            }
        },
        data() {
            return {
                pIndexKey: 'home',
            }
        },
        methods: {
            tabTo(_key) {
                if (this.pIndexKey == _key) return;
                this.pIndexKey = _key;
                this.$emit('tabTo', {
                    status: 'tabTo',
                    data: {
                        key: _key
                    }
                })
            }
        }
    }
</script>

<style scoped>
.iconfont {
    font-family: iconfont;
}
.wrapper {
    position: absolute;
    bottom: 0;
    left: 0;
    right: 0;
    height: 90px;
    flex-wrap: nowrap;
    flex-direction: row;
    border-top-width: 1px;
    border-top-color: #d9d9d9;
    background-color: #fafafa;
}
.bar-item {
    flex: 1;
```

```
    }
    .bar-ic {
        padding-top: 14px;
        font-size: 38px;
        text-align: center;
    }
    .bar-txt {
        font-size: 22px;
        padding-top: 2px;
        text-align: center;
    }
    .bar-active {
        color: red;            //选中后的颜色
    }
</style>
```

在上面的示例中，在自定义选项卡组件时需要用到一个开源的第三方库 he。he 是一个 JavaScript 编码/解码器工具程序，可以将普通的 unicode 编码转换为浏览器支持的图片。可使用多种方式引入 he，如 npm 和组件方式，当然也可以直接使用源码方式引入 he。

9.2.5 路由配置

vue-router 是由 Vue.js 官方提供的路由管理插件，最大的作用就是切换页面和页面跳转。Eros 默认集成了 vue-router 库并进行了二次升级，可以通过 requireModule 方式来获取 bmRouter 模块，然后实现页面管理和跳转操作。

在 Eros 开发中，与项目配置相关的内容主要位于 config 文件夹下，分别是 eros.native.js 和 eros.dev.js。其中，与路由相关的配置位于 eros.native.js 文件的 page 标签中，如下所示：

```
'page': {
        'homePage': '/pages/yanxuan/index.js',        //项目首页
        'mediatorPage': '/mediator/index.js',
        'navBarColor': '#ffffff',                     //导航栏颜色
        'navItemColor': '#777777'                     //导航栏文字颜色
    }
```

如果需要修改导航栏的颜色和文字大小等属性，那么可以在 page 标签的相应属性中进行修改。对于新增的页面，还需要在 src/js/config 的 router.js 文件中进行注册，注册方式如下：

```
'login': {
        title: '账户登录',
        url: '/pages/yanxuan/mine/login.js',
    },
```

其中，title 和 url 是必须配置的，title 表示页面的标题，url 表示页面的相对路径。要实现页面跳转或页面切换，只需要给组件绑定 click 事件即可，如下所示：

```
<div @click="jumpLogin()"/>

methods: {
    jumpLogin() {
        this.$router.open({
            name: 'login'            //与 router.js 中注册的名称对应
        })
    }
}
```

9.2.6 数据请求

在 WEEX 开发中，如果要请求网络数据，可以使用内置的 stream 模块。该模块提供了一个成员函数 fetch()，用于网络请求。图 9-6 所示是使用 stream 模块获取网络数据，并将返回结果显示到界面上的效果。

图 9-6　stream 网络请求示例

使用 stream 模块请求数据之前，需要先获取 stream 对象，如下所示：

```
var stream = weex.requireModule('stream')
```

然后，借助 stream 模块的 fetch()方法即可完成网络请求。fetch()方法主要由请求参数和响应结果组成，常用的请求参数选项包括 method、url、headers、type 和 body。其中，type 规定了响应结果的数据类型，可以是 json、text 或 jsonp 等类型，如下所示：

```
<text class="l-r">{{result}}</text>

<script>
    var stream = weex.requireModule('stream')
    export default {
        data() {
            return {
                result: '',
            }
        },
        methods: {
            getData() {
                stream.fetch({
                    method: 'GET',
                    type: 'json',
                    url: 'https://api.github.com/repos/vuejs/vue'
                }, res => {
                    if (res.ok) {
                        this.result = JSON.stringify(res.data)
                    } else {
                        this.result = '- unkonwn -'
                    }
                })
            },
        }
    }
</script>
```

9.3 功能编写

9.3.1 首页开发

在移动电商应用开发中，界面呈现的维度往往是单一或非常有限的，为了让用户可以快速找到目标资源，通常需要按照不同的维度对资源进行分类，比较常见的就是卡片式选项卡，又可分为纯文字和文字+图标等多种类型。

作为一个典型的移动电商客户端，本项目的首页如图 9-7 所示。

图 9-7　首页展示效果

作为应用启动后用户看到的第一个页面，首页模块通常是比较复杂的，这也是为了让用户浏览尽可能多的相关产品，进而提高转化率。在编码方面，由于首页模块涵盖的内容较多，所以最好的方式是对功能进行拆分，然后再根据页面展示逻辑进行组装。

Vue.js 之所以强大，其中一个重要原因就是每个 Vue.js 页面都拥有自己的模板和生命周期，可以根据需要对页面进行单独拆分，或将拆分的页面合并起来。下面是一个常见的 Banner 模块示例：

```
<template>
    <slider class="slider" auto-play="true" interval="5000">
        <div class="frame" v-for="img in imageList">
            <image class="image" resize="cover" :src="img.src"></image>
        </div>
        <indicator class="indicator"></indicator>
```

```
        </slider>
</template>

<script>
    import {YXBANNERS} from './config'      //导入数据源

    export default {
        created() {
            this.getYXBanners()
        },
        data() {
            return {
                imageList: [],
            }
        },
        methods: {
            getYXBanners() {
                this.imageList = YXBANNERS
            },
        }
    }
</script>
```

Banner 的数据通常是从后台接口获取的，此处为了演示方便，直接使用本地的模拟数据：

```
export const YXBANNERS = [
    { title: '', src: 'http://doc.zwwill.com/yanxuan/imgs/banner-1.jpg' },
    { title: '', src: 'http://doc.zwwill.com/yanxuan/imgs/banner-2.jpg' },
];
```

然后，只需要在首页模块的<template>引入自定义组件即可。如果父子组件之间涉及数据传递，那么父组件可以通过 props 将数据传递给子组件，子组件则可以通过 events 给父组件发送消息。

9.3.2　广告弹窗开发

移动互联网的发展催生了无限商机，大量的用户和移动终端载体为移动广告提供了良好的生长环境。在移动应用开发中，为了最大限度地吸引用户的眼球，移动广告主要以推送通知栏、广告弹窗和 Banner 等方式出现，如图 9-8 所示是一个广告弹窗示例。

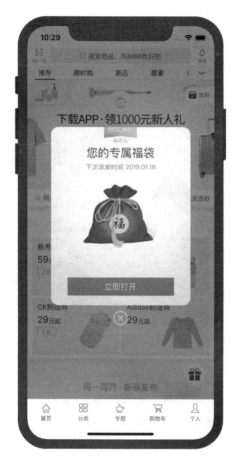

图 9-8　使用 weex-ui 实现广告弹窗示例

在 WEEX 开发中，要实现广告弹窗效果，可以使用 weex-ui 组件库。借助 WxcMask，开发者可以很轻松地实现广告弹窗，并且可以根据实际需求定制显示样式：

```
<template>
    <div class="wrapper">
      <wxc-mask
height="700"
          width="560"
          border-radius="30"
          duration="300"
          :has-overlay="true"
          :show-close="true"
          :show="show"
          :has-animation="hasAnimation"
```

```
            @wxcMaskSetHidden="wxcMaskSetHidden">
         <image              class="mask-image"              resize="cover"
src="bmlocal://assets/xxx.png"/>
         </wxc-mask>
     </div>
</template>

<script>
    import { WxcMask } from 'weex-ui';      //引入WxcMask
    export default {
        components: {WxcMask},
        data: () => ({
            show: true,                 //默认显示弹窗
            hasAnimation: true
        }),
        methods: {
            wxcMaskSetHidden () {
                this.show = false;
            },
        }
    };
</script>
```

其实，除了广告弹窗，任何其他弹窗也都可以使用 weex-ui 的 WxcMask 实现，并且开发过程中还可以根据实际需要引入其他一些组件库。

9.3.3 商品详情页开发

商品详情页是商品信息的主要承载页面，是用户了解商品的重要媒介，其设计规划是电商产品设计的核心，承担着提高订单转化率等 KPI 指标。

总体来说，由于用户长期使用阿里系产品，已形成稳定的使用习惯，因此商品详情页的设计也趋于稳定，模块划分也比较一致。具体来说，商品详情页主要由商品图片或视频、内容介绍、价格等信息构成。

基于此，商品详情页的设计也分为消费者体验设计和用户体验设计等几种类型。其中，商品评价、爆款推荐和社交是消费者体验设计的重要表现，而本示例项目的商品详情页面设计正是这种类型，如图 9-9 所示。

图 9-9　商品详情页面设计效果图

通过分析天猫、京东和网易严选等电商产品，可以发现商品详情页通常由原生商品信息和下半部分的 HTML5 页面构成，并最大程度地展示与商品相关的内容。商品详情页面的示例代码如下：

```
<template>
    <div class="wrapper">
        <scroller class="main-list" :style="{'height':screenHeight}">
            <video                                         class="video" src="http://yanxuan.nosdn.127.net/xx.mp4"/>
            <web class="web-style" src="https://m.you.163.com "/>
            //省略其他布局
        </scroller>
        <bottom></bottom>
    </div>
</template>
<script>
    import bottom from '../detail/bottom'

    export default {
```

```
        components: {
            'bottom': bottom,
        },
        created() {
            this.getConfig()
        },
        data() {
            return {}
        },
        methods: {
            getConfig() {
                this.screenHeight = this.$getConfig().env.deviceHeight;
            },
            jumpWeb(url) {
                this.$router.toWebview({
                    url: url,
                    title: '活动',
                    navShow: true,
                })
            },
        }
    }
</script>
//省略样式表
<style lang="sass" src="./detail.scss"></style>
```

除此之外,为了提高用户的使用黏性,很多电商平台还会将用户评价和分享点赞等社交属性添加到详情页面中,并通过团购、拼单优惠等措施来提高用户使用产品的频率及提高产品订单的转化率。

9.3.4 订单管理页开发

在电商客户端开发中,订单模块作为商品系统的重要组成部分,主要用于记录用户的订单信息。通常,订单模块由确认订单、订单管理、订单详情等页面构成。

开发订单管理页面需要用到 weex-ui 库的<wxc-tab-page>,<wxc-tab-page>主要用于实现顶部选项卡切换,其效果如图 9-10 所示。

图 9-10　订单管理页面的顶部选项卡切换效果

目前，<wxc-tab-page>支持图标、文本和 Iconfont 等多种样式，开发者可以根据实际情况进行配置。例如，下面是使用<wxc-tab-page>实现的订单管理页面，示例代码如下：

```
<template>
    <wxc-tab-page ref="wxc-tab-page"
            :tab-titles="tabTitles"
            :tab-styles="tabStyles"
            :needSlider="needSlider"
            :is-tab-view="isTabView"
            :tab-page-height="tabPageHeight"
            @wxcTabPageCurrentTabSelected="wxcTabPageSelected">

        <list v-for="(v,index) in tabTitles"
            :key="index"
            class="item-container"
            :style="{ height: (tabPageHeight - tabStyles.height) + 'px' }">

            <cell class="cell">
                <text>{{v.title}}</text>              //获取选中的标题
            </cell>
```

```
        </list>
    </wxc-tab-page>
</template>

<script>
    import {WxcTabPage, WxcPanItem, Utils, BindEnv} from 'weex-ui';
    import Config from './config'

    export default {
        components: {WxcTabPage, WxcPanItem},
        data: () => ({
            tabTitles: Config.tabTitles,
            tabStyles: Config.tabStyles,
            tabList: [],
            needSlider: true,
            demoList: [1, 2, 3, 4, 5, 6, 7, 8, 9],
            supportSlide: true,
            isTabView: true,
            tabPageHeight: 1334,
        }),
        created() {
            this.tabPageHeight = Utils.env.getPageHeight();
            this.tabList = [...Array(this.tabTitles.length).keys()].map(i => []);
            Vue.set(this.tabList, 0, this.demoList);
        },
        methods: {
            wxcTabPageSelected(e) {
                const self = this;
                const index = e.page;

                if (!Utils.isNonEmptyArray(self.tabList[index])) {
                    setTimeout(() => {
                        Vue.set(self.tabList, index, self.demoList);
                    }, 100);
                }
            },
        }
    };
</script>
//省略样式表
<style></style>
```

使用<wxc-tab-page>实现选项卡切换效果时，标题、样式、高度等属性是必须配置的，否则达不到需要的效果。其中，与<wxc-tab-page>标题和样式相关的配置如下：

```
export default {
tabTitles: [
    {title: '全部', index: 1},
    {title: '待付款',index: 2},
    {title: '待发货',index: 3},
    {title: '已发货',index: 4},
    {title: '待评价',index: 5}
],
tabStyles: {
    bgColor: '#ffffff',              //背景颜色
    titleColor: '#666666',           //标题默认颜色
    activeTitleColor: '#b4282d',     //标题选中颜色
    isActiveTitleBold: false,        //是否选中加粗
    width: 750 / 5,                  //宽度
    height: 90,
    fontSize: 28,
    hasActiveBottom: true,               //是否显示指示线
    activeBottomColor: '#b4282d',        //指示线颜色
    activeBottomHeight: 4,               //指示线高度
    activeBottomWidth: 80,               //指示线宽度
    normalBottomColor: 'rgba(0,0,0,0.4)',
    normalBottomHeight: 1,
    textPaddingLeft: 20,
    textPaddingRight: 20,
},
}
```

同时，配合 BindingX 动画框架，开发者还可以轻松实现复杂炫酷的动画切换效果，不过使用时需要添加 bindingx-parser 库依赖。

9.3.5　适配 iPhone X

"刘海屏"又名"挖孔屏"，因形似刘海儿而得名，是手机厂商为追求极致边框而采用的一种手机设计方案。刘海屏最早出现在苹果公司的 iPhone X 手机上，其特殊的前脸设计曾一度让不少消费者感到不适应，不过后来，谷歌也在 Android P 预览版中加入了刘海屏设计。刘海屏逐渐成为手机设计的新风尚。

在 iPhone X 出现之前，手机的屏幕往往是方方正正的矩形，整个屏幕都可以看作"安全区"，也就是合理显示区域。如今，为了适配 iPhone X 的刘海屏以及屏幕四周的圆角设计，设计师需

要对绘图区域做出调整，并且避免将页面内容显示到屏幕安全区以外。

在 WEEX 开发中，针对 iPhone X 的兼容性适配问题可以直接在前端页面解决。具体来说，首先可以从 weex.config.env 或全局 WXEnvironment 变量获取当前设备的一些信息，然后再进行适配。其中，使用 WXEnvironment 变量能够获取的设备信息如下：

- weexVersion：WeexSDK 版本。
- appName：应用的名字。
- appVersion：应用的版本。
- platform：iOS、Android 和 Web 平台信息。
- osName：操作系统的名称，一般为 iOS 或 Android。
- osVersion：系统版本。
- deviceModel：设备型号。
- deviceWidth：设备宽度，WEEX 默认以 750px 宽度做适配渲染。
- deviceHeight：设备高度。

为了适配 iPhone X 等特殊机型，可以通过 weex.config.env 的 deviceModel 返回 iPhone 的特有标识，其中 iPhone X 的标识为 iPhone10,3 和 iPhone10,6，如表 9-1 所示。

表 9-1　iPhone 手机型号及标识

型号	Models 标识	屏幕尺寸（英寸）
iPhone 6	iPhone7,2	4.7
iPhone 6 Plus	iPhone7,1	5.5
iPhone 6s	iPhone8,1	4.7
iPhone 6s Plus	iPhone8,2	5.5
iPhone 7	iPhone9,1 和 iPhone9,3	4.7
iPhone 7 Plus	iPhone9,2 和 iPhone9,4	5.5
iPhone 8	iPhone10,1 和 iPhone10,4	4.7
iPhone 8 Plus	iPhone10,2 和 iPhone10,5	5.5
iPhone X	iPhone10,3 和 iPhone10,6	5.8
iPhone XR	iPhone11,8	6.1
iPhone XS	iPhone11,2	5.8
iPhone XS Max	iPhone11,4 和 iPhone11,6	6.5

在识别到 iPhone X 的标识后，只需要对刘海屏和底边栏进行留白处理即可。图 9-11 所示是适配 iPhone X 前后的效果对比。

图 9-11　适配 iPhone X 前（左图）和适配 iPhone X 后（右图）对比

针对 iPhone X 的兼容性适配问题，可以直接在前端开发层面进行解决。具体来说，就是首先使用计算属性判断设备是否为 iPhone X，然后根据判断结果绑定不同的 class 样式，即可轻松实现界面适配，代码如下所示：

```
<template>
    <div :class="['wrapper', isipx?'w-ipx':'']">
    </div>
</template>

<script>
    export default {
        data () {},
        computed:{
            isipx:function () {
                return weex && (weex.config.env.deviceModel === 'iPhone10,3'
|| weex.config.env.deviceModel === 'iPhone10,6');
            }
```

```
      },
    }
</script>

<style scoped>
  .wrapper{
    //普通样式
  }
  .w-ipx{
    // iPhone X 样式
  }
</style>
```

需要注意的是，在组件的初始化计算属性作用域内，不一定每次都能拿到 WEEX 的实例，所以必须做好容错处理。同时，Vue.js 提供了混合机制 Mixins，可以高效地实现组件内容的复用，前提是项目中使用了 vue-router 路由管理框架。

9.4 打包与上线

9.4.1 更换默认配置

使用 Eros 框架初始化项目时，工程已经内置了很多资源和图片。所以，使用 Eros 框架开发跨平台项目时，还需要对 logo、启动图以及工程中用到的默认资源进行修改。

对于 iOS 工程来说，与原生工程相关的图片都放在 Assets.xcassets 中，我们需要替换的 logo 和启动图也位于该文件中，如图 9-12 所示。

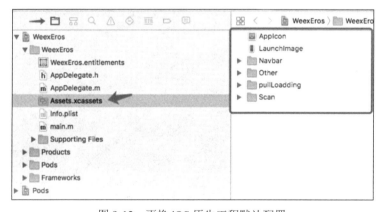

图 9-12　更换 iOS 原生工程默认配置

为了适配不同分辨率的手机，iOS 将图片分为 1x、2x 和 3x 三种类型，其中 1x 主要用于 iPhone 4 之前的机型，目前基本已经被废弃。为了防止适配图片时出现错误，建议点击右键，选择【Show in Finder】，然后在本地文件中替换图片。

需要说明的是，替换图片时会生成一个描述文件 Contents.json，需要将该描述文件和图片一起复制过去。如果要修改默认的 App 名称，可以在 Info.plist 文件中新增一个名为 bundle display name 的字段，然后重新运行 iOS 项目即可看到修改后的结果。

对于 Android 工程来说，与原生工程相关的图片资源放在 app/src/main/res 目录下，因此只需要替换默认的图片即可；同时，替换应用的 logo 时还需要替换从 mipmap-hdpi 到 mipmap-xxxhdpi 里面的所有 ic_launcher.png，如图 9-13 所示。其中，从 mipmap-hdpi 文件夹到 mipmap-xxxhdpi 文件夹，里面存放的图片的分辨率依次升高。

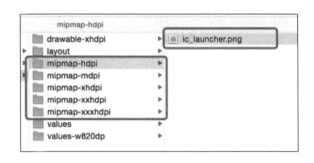

图 9-13　更换 Android 原生工程默认配置

除此之外，如果对 Android 原生代码有所改动，还需要对原生版本进行升级，升级时需要修改 versionCode 和 versionName 两个配置。

9.4.2　iOS 打包

要开发 iOS 应用程序，需要有一个苹果开发者账号，并且加入 iOS Developer Program 计划。同时，要完成 iOS 程序打包上架，还需要开发者拥有发布证书和描述文件。

在 iOS 开发中，iOS 的证书分为开发证书和发布证书两种。其中，开发证书主要用于测试环境，发布证书在将应用提交 App Store 审核时使用。如果还没有相关的证书和描述文件，可以按照苹果官方的开发者文档所述进行创建，然后打开 Xcode 导入证书和配置文件，如图 9-14 所示。

然后，将要编译的设备设置成真机或者 Generic iOS Device（如果选择模拟器，则无法实现打包操作），依次选择【Xcode】→【Product】→【Archive】进行打包，成功后会弹出如图 9-15 所示的界面。

图 9-14 导入证书和配置文件

图 9-15 iOS 应用打包

如果选择【Distribute App】，则可以直接发布 App；而如果选择【Validate App】，则需要完成某些验证操作后才能发布。

然后，选择合适的平台导出 IPA 文件即可。选择【iOS App Store】，可以将应用上传到 App Store；选择【Ad Hoc】，可以在开发者账号添加的可用设备上使用；选择【Enterprise】，可以针对企业级账户进行本地服务器分发；选择【Development】，可以在内部测试环境分发。如果需要上传到 App Store，直接选择【iOS App Store】选项即可，如图 9-16 所示。

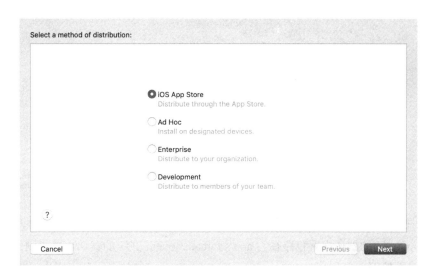

图 9-16　将 iOS 应用上传到 App Store

9.4.3　Android 打包

对于原生 Android 应用开发来说，Android 的安装包主要分为 Debug 和 Release 两种。其中，Debug 是用于开发调试的包，Eros 在 Debug 模式下会保留【调试】按钮，开发者可以通过【调试】按钮自由切换资源加载的方式。Release 则是用于对外发布的包，Eros 在 Release 模式下会隐藏【调试】按钮，且默认从本地 assets 目录中加载 JavaScript 资源。

对于 Android 来说，制作 Release 包首先需要构建一个签名文件，签名文件是应用的唯一标识。如果没有签名文件，可以在 Android Studio 菜单栏中依次选择【build】→【Generate Signed APK】→【Create New Key Stroe】来制作一个签名文件，如图 9-17 所示。

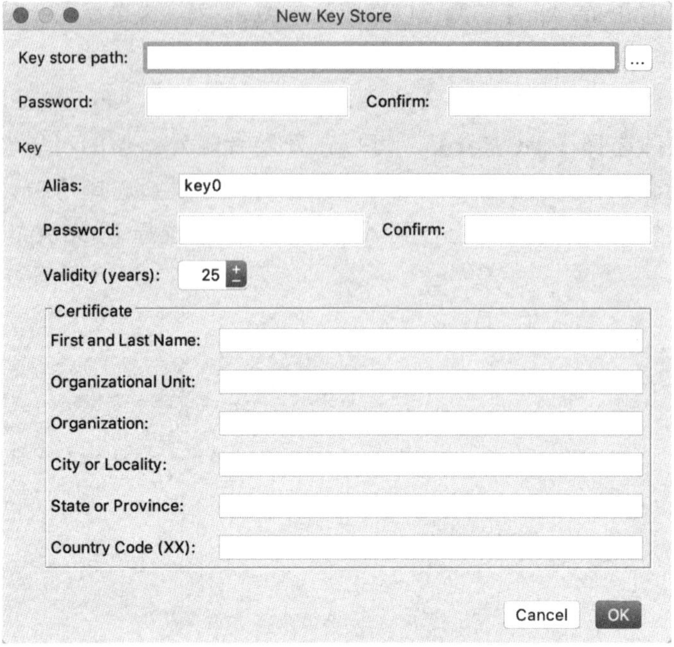

图 9-17　制作 Android 签名文件

然后，在 Eros 项目的根目录使用命令 eros pack 制作平台内置 JSBundle 文件，如图 9-18 所示。其中，Android 的默认内置包路径为 app/src/main/assets，iOS 的默认内置包则位于 iOS 工程的 WeexEros 文件下。

```
xiangzhngdeMBP2:eros-yanxuan-demo-v2-master xiangzhihong$ eros pack
? what kind of platform you want to pack? android
[eros] · Reload eros.native.js done.
Hash: 2d51c1ae0d1622f165cb
Version: webpack 3.12.0
Time: 11119ms
```

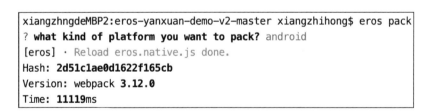

图 9-18　制作平台内置 JSBundle 文件

接下来，在 Android Studio 菜单栏的 build 选项中选择【Generate Signed Bundle or APK】，然后选择签名文件即可完成 Release 包的制作，如图 9-19 所示。

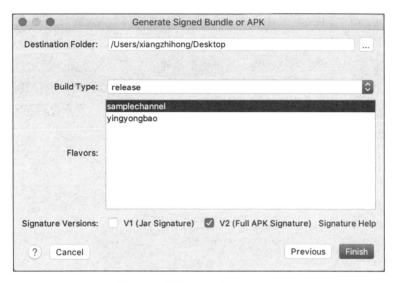

图 9-19　制作 Android Release 包

如果在编译过程中遇到任何编译错误,那么请务必根据提示解决错误后再重新打包。同时,由于 Android 的应用市场比较多,因此打包时还需要定制渠道包。开发者可以在 app/build.gradle 文件的 productFlavors 节点添加渠道配置,或者直接使用友盟、美团等提供的多渠道打包工具,如下所示:

```
productFlavors {
    samplechannel{
        dimension 'default'
    }
    yingyongbao{
        dimension 'default'
    }
}
```

接下来,只需要将生成的 Release 包发布到应用商店即可,除了谷歌官方的 Google Play,国内比较著名的 Android 应用商店还包括腾讯应用宝、华为应用市场、百度手机助手和小米商店等。

需要提醒的是,签名密码和签名昵称是非常重要的信息,需要妥善保管,一旦丢失、泄漏,会给之后的版本发布造成麻烦。

9.5　本章小结

Eros 作为面向前端 Vue.js 的 App 开源解决方案,主要专注于 WEEX 跨平台项目的构建和管理。由于 Eros 对 WEEX 框架进行了深度的二次封装，开发者无须了解其底层的具体实现细节，就可以使用 Eros 快速进行开发。

本章主要从需求分析、项目搭建、基础框架搭建和功能开发方面介绍如何使用 Eros 进行 WEEX 跨平台项目开发。最后，开发完成的应用还需要打包才能发布到应用商店。本章是 WEEX 的实战应用篇，也是 WEEX 综合技能篇，相信通过本章的学习，读者会对 WEEX 有一个全新的认识。